基于土地利用的海绵城市建设适应度评价

匡文慧　李孝永　著

本专著出版得到如下项目的资助：

北京市自然科学基金重点项目：北京市地表类型空间分布特征及其对海绵城市建设的适应度研究（8171004）

中国科学院 A 类战略性先导科技专项子课题：国土空间格局和重点开发区域生态文明建设状态诊断与地理图景效应评估（XDA23100201）

国家自然科学基金面上项目：京津雄下垫面新格局对夏季极端热和舒适性影响特征与机理（41871343）

国家自然科学基金重大项目：特大城市群地区城镇化与生态环境交互耦合机理及胁迫效应（41590840）

科 学 出 版 社

北 京

内 容 简 介

本书提出了具有城市热岛缓减和雨洪调节双重功效的生态海绵城市建设下垫面调控的理论方法，实现了等级尺度的城市下垫面精细化遥感分类和地表透水性指数刻画，建立了从远郊自然生态系统保护斑块/廊道设计、建成区外围低影响度开发（LID）和城市内部生态修复三级城乡空间梯度生态海绵城市建设的适应度评价和调控策略。在表征北京超大城市扩张过程和地表不透水、绿地组分基础上，对北京城市下垫面热环境状况和水文生态过程进行科学分析。从而识别生态海绵城市建设的优先区和适应度等级，并提出海绵生态城市建设下垫面调控的综合策略。

本书不仅可应用于城市生态遥感分类和地理信息工程制图领域，而且对于海绵城市建设、雨洪管理、热岛控制乃至城市可持续发展规划具有重要的应用价值。本书可供城市生态学、土地利用规划与管理、城市地理学、城市规划学、遥感与 GIS 等科研领域的研究人员、政府决策相关人员和高校师生参考使用。

图书在版编目（CIP）数据

基于土地利用的海绵城市建设适应度评价 / 匡文慧，李孝永著. —北京：科学出版社，2020.4

ISBN 978-7-03-063945-5

Ⅰ. ①基… Ⅱ. ①匡… ②李… Ⅲ. ①城市建设-适应性-评价-研究 Ⅳ. ① TU984

中国版本图书馆 CIP 数据核字（2019）第 300259 号

责任编辑：杨帅英 李 静 / 责任校对：何艳萍
责任印制：吴兆东 / 封面设计：图阅社

科学出版社 出版

北京东黄城根北街 16 号
邮政编码：100717
http://www.sciencep.com

北京虎彩文化传播有限公司 印刷
科学出版社发行 各地新华书店经销

*

2020 年 4 月第 一 版 开本：720×1000 B5
2020 年 4 月第一次印刷 印张：9 1/2
字数：225 000

定价：**108.00 元**
（如有印装质量问题，我社负责调换）

序

　　进入 21 世纪以来，中国的城市规模不断扩大，城市经济社会发展日益活跃，城市区域生态保护面临更加艰巨的任务。城市化地区生产、生活和生态空间的优化配置和宜居宜业环境的营造是国家生态文明建设和可持续发展目标实现的重要内容。构筑和谐宜居的城市环境作为"美丽中国"建设的一项重要内容，也是衡量我国未来城市居民生活质量和幸福水平的重要指标。新时代"美丽中国"建设面向"2035 目标"和"2050 愿景"全新蓝图的绘制，不仅需要加强国土空间格局优化配置和不同开发强度类型边界的空间管控，更需要各生态系统组成结构的优化和生态功能的提升。因此，积极探索和谐宜居可持续的城市地域优化调控模式与生态环境治理途径，正成为支持新时代美丽中国愿景目标实现的重大前沿课题。

　　近年来中国史无先例的城市化和工业化进程，引发了城市地表不透水表面的连绵式扩展。同时，受全球气候变暖的影响，近年来城市暴雨洪灾发生的频率和雨洪灾害影响程度呈现显著的上升趋势，导致国内超大城市严重内涝事件的发生，对城市人民生命财产造成重大损失。为此，2013 年 12 月中央城镇化工作会议要求，"建设自然积存、自然渗透、自然净化的海绵城市"，2014 年 10 月住房和城乡建设部印发了《海绵城市建设技术指南——低影响开发雨水系统构建（试行）》，相继分批次开展包括北京在内的 30 个海绵城市试点工作。

　　该专著在北京市自然科学基金重点项目"北京市地表类型空间分布特征及其对海绵城市建设的适应度研究"（编号：8171004）等项目支持下，将作者研究形成的一系列城市生态调控理论和监测分析方法进一步升华，加以深入应用。自《城市土地利用时空信息数字重建、分析与模拟》和《城市地表热环境遥感分析与生态调控》两部专著之后，围绕城市生态遥感制图和海绵城市建设重大应用需求，以《基于土地利用的海绵城市建设适应度评价》为题出版这部新的专著，同时编制出版《中国城市土地利用/覆盖变化地图集（2000—2015 年）》。为此，特表示祝贺，并将该书推荐给广大读者。

纵观全书，该著作取得了如下创新性成果：

（1）面对城市内部高度异质性、结构复杂和类型镶嵌等在遥感分类方面的挑战，实现了等级尺度的人机交互、面向对象识别和混合像元分解多分类器集成的城市下垫面结构组分的定量表征和高精度制图。

（2）从城乡空间梯度生态系统科学管控角度，发展了一系列从城市远郊自然生态系统保护斑块/廊道设计，建成区外围低影响开发和城市内部生态修复的生态海绵城市建设的适应度评价技术方法体系。

（3）从服务于超大城市热岛强度降解和雨洪调节双重功效的角度，提出了生态海绵城市建设下垫面调控模式新的理论方法，以北京市为例，提出了海绵城市建设空间针对性的"渗、滞、蓄、净、用、排"具体举措和策略。

该书汇集和提炼了获得国际同行和国内行业部门认可的多项成果，体现了城市地理学、生态学、遥感科学、地理信息系统等多学科的高度交叉。其中，"城市生态环境监测及管控关键技术研发与示范"（KJ2015-2-08）荣获 2015 年度国家环境保护科学技术奖二等奖；"城市高精度时空信息获取关键技术及应用示范"（2016-01-02-16）荣获 2016 年度国家测绘科技进步奖二等奖。城市土地覆盖分类方法荣获 *Science Bulletin* 2013 年度优秀作者和 TOP10 最高引文，*Science China Earth Sciences* 2018 年度"热点论文"。这些成果对于城市规划管理和城市生态环境保护具有较强的实用性，预期会在国家生态环境保护、城市规划、国家测绘地理信息及灾害应急管理等部门和领域取得良好应用效果。

中国科学院地理科学与资源研究所 研究员

2019 年 3 月

前　　言

改革开放 40 年来，国家城市建设取得了举世瞩目的成效。我国城镇化率由1978 年的 17.92%上升到了 2018 年的 59.58%；城市建成区面积由约 2.18 万 km^{2}增长到 7.48 万 km^2，增长了 2.43 倍，一批城市群或区域特大以上城市正在涌现。在城市开发建设中，城市快速扩张会对地表透水性产生影响，从而导致城市生态系统雨洪调节和热岛调节服务功能下降，甚至会严重地影响人居环境质量和城市的可持续发展。由此，低影响开发（low impact development，LID）、城市绿色基础设施（urban green infrastructure，UGI）、弹性城市建设（resilient city）相关研究内容正成为国际学术前沿和应用优先主题，其核心内容是提升城市生态弹性，改善城市生态系统服务。

在城市快速扩张和全球变暖背景下，我国暴雨洪灾发生的频率和影响程度呈现显著的上升趋势。例如，北京、广州和武汉等城市在夏季多次遭受特大暴雨洪灾，造成城市内涝、交通瘫痪和财产损失等一系列问题。2013 年 12 月中央城镇化工作会议提出海绵城市建设，2014 年 10 月发布了《海绵城市建设技术指南——低影响开发雨水系统构建（试行）》，提出"大力推行低影响开发建设模式，加快研究建设海绵型城市的政策措施"的要求，并开展海绵城市建设试点工作。2015年 10 月国务院办公厅印发《关于推进海绵城市建设的指导意见》，通过海绵城市建设，最大限度地减少城市开发建设对生态环境的影响，将 70%的降水就地消纳和利用。到 2020 年，城市建成区 20%以上的面积达到目标要求；到 2030 年，城市建成区 80%以上的面积达到目标要求。

海绵城市建设起源于 20 世纪 90 年代，美国乔治王子郡环境资源部在借鉴其前期雨洪管理相关研究，提出"低影响开发"的理念。美国的最佳管理措施（best management practice，BMP）、澳大利亚的水敏感城市设计（water sensitive urban design，WSUD）、英国的可持续城市排水系统（sustainable urban drainage system，

SUDS）、德国的雨水利用（storm water harvesting）和雨洪管理（storm water management）等广泛应用于城市建设当中。在国家花费大规模物力和财力开展海绵城市建设的过程中，亟待加强科技支撑能力，如何科学有效地实现海绵城市建设优先区的精准识别及全面提升城市生态系统水热调节服务科学统筹规划是当前海绵城市建设科技支撑能力建设的重大课题。

在我国，海绵城市建设相关理论方法研究尚属于起步阶段。从海绵城市建设前期科学规划和工程实施的角度，在如下两个方面仍然存在着严峻的挑战。第一，在服务于海绵城市建设的区域大尺度下垫面遥感分类到具体建设工程实施精细制图方面。当前城市遥感分类中，无论人工数字化解译、光谱分类、回归模型、面向对象分类和亚像元分解，乃至神经网络等方法，以及发展的不透水面、绿地等像元组分的分解，从科学实验数据到生产实践数据的研制，仍然存在较大的不确定性和难以满足实施应用需求的问题。第二，从海绵城市建设的适应度评价角度，如何科学精准地识别海绵城市建设的关键部位和优先区，从而在建设过程中起到"事半功倍"的成效，避免或减少在建设过程中不必要的物力和财力的浪费。

为此，北京市科学技术委员会 2017 年启动北京市自然科学基金重点项目，北京市地表类型空间分布特征及其对海绵城市建设的适应度研究（8171004）。在前期城市生态环境遥感与信息系统领域扎实的研究基础上，具体见 *Journal of Geophysical Research*：*Atmospheres*，*Landscape Ecology*，*Landscape and Urban Planning*，《中国科学：地球科学》和《科学通报》等学术期刊发表的论文，《城市土地利用时空信息数字重建、分析与模拟》和《城市地表热环境遥感分析与生态调控》专著，以及"城市生态环境监测及管控关键技术研发与示范"（KJ2015-2-08）荣获 2015 年度国家环境保护科学技术奖二等奖，"城市高精度时空信息获取关键技术及应用示范"（2016-01-02-16）荣获 2016 年度国家测绘科技进步奖二等奖，经过近两年潜心研究并撰写本专著，呈现给各位读者。

新时代生产、生活和生态空间的优化配置和宜居宜业城市环境的营造正成为"美丽中国"和生态文明建设的重要内容。海绵城市建设作为我国借鉴新一代雨洪管理模式，遵循生态优先的建设原则，以修复城市水生态、提升城市水文调节功能和增强城市防涝能力为目标的一项城市生态建设系统工程。由此，海绵城市建设应该从城市生态系统服务的全面提升和可持续目标的实现全盘统筹考虑，达到有的放矢的成效，更需要在理论方法方面的创新和科技方面的支撑能力的提升。在本专著中，我们提出了"生态海绵城市"的概念，建立了一套以服务于城市热岛缓减和雨洪调节双重功效的生态海绵城市建设下垫面调控模式的理论方法，在等级尺度的城市下垫面精细化遥感分类和地表透水性指数刻画，以及建立城乡空间梯度生态海绵城市建设的适应度评价和调控策略方面取得了一系列重要的进展，并以图文并茂的形式呈现给读者。

　　本书撰写过程中参阅了大量的文献，主要观点均做了引用标注，如有疏漏，在此表示歉意。由于作者专业水平与写作能力有限，书中如有不妥之处，敬请批评指正！

匡文慧

2019 年 3 月 30 日于中国科学院地理科学与资源研究所

目　录

第一章 城市生态系统服务调控新理念与理论基础

本章主要介绍了城市生态系统雨洪调节和热调节服务的基本概念,分析了城市下垫面结构与生态系统服务的空间链接特征,并提出了生态海绵城市建设的新的理念和范式,进而从城市规划和管理角度剖析了服务于水热调节的城市地表结构调控模式。

第一节 城市生态系统雨洪调节和热调节服务

一、城市生态系统服务与城市生态调控

城市生态系统指人类集中居住或建筑物及各种人工基础设施大面积占据土地表面区域的人工生态系统(Pickett et al., 2001)。城市可以看作是一个生态系统,也可看作是由不同生态系统类型组成的城市景观。在生态系统服务研究中,城市生态系统通常指位于城市内部能够为人类提供服务的绿色基础设施,即植被与水体,包括公园、森林、湿地、河流、湖泊和池塘等(EEA, 2011; Gómez-Baggethun and Barton, 2013)。城市生态系统服务(urban ecosystem service, UES)是指人类从城市生态系统中所获取的一系列惠益(Bolund and Hunhammar, 1999; TEEB, 2011)。城市生态系统服务主要分为供给服务、调节服务、支持服务和文化服务四类(Millennium Ecosystem Assessment, 2005; Cowling et al., 2008; TEEB, 2011)。

与其他生态系统相比,城市生态系统地表覆盖结构更加复杂和多样,因此城市生态系统服务评价需要适应城市复杂的景观结构(Gómez-Baggethun and

Barton，2013；Pataki et al.，2011）。近年来，生态系统服务评价模型和方法得到发展和应用，如生物物理模型、经验模型、统计模型和空间分析模型等。Bolund和 Hunhammar（1999）采用查找表的方法定量评价了城市空气净化、气候调节、噪声调节和径流调节等生态系统服务。此外，支付意愿法等价值评估方法也被广泛应用于城市生态系统服务评价中（Haase et al.，2014；赵丹等，2013；梁鸿等，2016；曹先磊等，2017）。同时，基于生态系统服务供给和需求的城市生态系统评估框架逐渐发展起来。例如，基于城市精细地表覆盖数据并结合专家打分法，构建生态系统服务矩阵，形成可快速实现城市生态系统服务的供给、需求和收支平衡评估（Burkhard et al.，2009，2012）。

基于生态系统服务的评估已成为城市土地利用优化和管理的重要手段（Goldstein et al.，2012；Bai et al.，2018；Woodruff and BenDor，2016）。通过准确评估土地利用/覆盖变化对生态系统服务的影响，优化城市空间结构，能够显著提升城市的生态系统服务，增强城市可持续性（Logsdon and Chaubey，2013）。因此，如何基于城市生态系统服务评估实现城市生态调控，成为当前城市地理、城市生态和城市规划、城市可持续发展关注的热点问题。

二、城市生态系统雨洪调节服务

城市生态系统雨洪调节服务指城市地表通过蓄水和下渗特性减少地表径流，进而减轻洪涝灾害的能力。由于城市化进程中城市扩张使得高密度不透水面迅速增加，改变了城市的水循环过程（Hallegatte et al.，2013），导致城市化区域径流系数和径流量增加。研究表明，径流系数与城市不透水面比例呈显著正相关（张建云，2012），城市不透水面增加 10%～100%，地表径流将会增加 200%～500%，不透水面的比例 20%是地表径流迅速增加的阈值（Brun and Band，2000；Paul and Meyer，2007）。城市化进程中，植被、土壤等被道路、广场、建筑等代替后，地表蒸发作用减少（Dow and DeWalle，2000；Schirmer et al.，2013）。城市化导致地表覆盖结构的变化直接影响流域产汇流过程，增加城市区域洪涝灾害风险（Jha et al.，2012）。

城市雨洪调节服务评价逐渐成为城市生态系统服务研究关注的热点（Grimm et al.，2008）。研究表明，城市绿色基础设施能够有效调节城市地表径流，降低城市洪水灾害风险（Armson et al.，2013；Inkiläinen et al.，2013）。在高密度建筑区提升绿地比例，地表径流削减效果更为明显，而不同的植被类型（如灌木和草地），以及绿地斑块的空间配置格局直接影响城市雨洪调节服务（Gill et al.，2007；Yang et al.，2015；Zhang et al.，2015）。Yang 等（2015）基于 SCS-CN 模型评估了宜兴市城市绿地的雨洪调节服务，发现城市绿地中不同的植被类型之间存在较大差异；Zhang 等（2015）以北京市为例，发现 2000～2010 年城市绿地面积的减少导致地表径流调蓄量下降 6%。

基于生态系统服务供给和需求平衡方法广泛应用在城市生态系统雨洪调节服务评价。其中，城市生态系统雨洪调节服务的需求应用雨洪风险表征，城市生态系统雨洪调节服务供给应用地表蒸散与土壤下渗特性等因子进行表征。Burkhard等（2009，2012）构建了城市生态系统服务矩阵评估方法，将生态系统供给和需求服务划分为不同的等级，评估区域雨洪调节服务的动态变化，如 Nedkov 和 Burkhard（2012）以保加利亚的埃特罗波莱市为例，基于土地利用/覆盖数据和土壤数据等评价了城市洪水调节服务的供给和需求状况。

三、城市生态系统热岛调节服务

在全球气候变暖和城市化影响下，城市的快速扩张导致自然用地被占用，转换为城市不透水表面（如混凝土、沥青等）被认为是引起城市热岛效应的主要原因（Oke，1982；Jones et al.，2015；Lelieveld et al.，2015；Kuang et al.，2015）。城市热岛强度的加剧不仅会影响人居环境的舒适度、人类健康和能源消耗（Laaidi et al.，2012；Vandentorren et al.，2006），也会改变区域地表辐射和热通量（Kalnay and Cai，2003；Grimmond，2007；Grimm et al.，2008）。近年来城市高温和极端热事件呈现加剧态势，其影响程度正逐渐加强，尤其是在夏季夜间，遭受高温天气老年人的死亡率在明显上升（Laaidi et al.，2012；Jones et al.，2015；Lelieveld et al.，2015）；与此同时，城市化导致气温日较差缩小（diurnal temperature range，DTR），主要表现为夜间最低温度升高，这一现象在大都市区及湿润气候区更为明显（Sun et al.，2016；Zhao et al.，2014）。由此，城市热调节服务评价与城市绿地空间优化逐渐成为城市生态系统服务研究中关注的热点（Tratalos et al.，2007；Pauleit et al.，2010）。

研究表明，城市绿地植被能够通过蒸腾作用增加潜热起到局地降温和缓减城市热岛的作用，在城市热环境调控中发挥着显著的"冷效应"，提供重要的城市热岛调节服务（Weng and Lu，2008；Zhang et al.，2009）。城市绿地空间比例直接影响地表温度，绿地比例越高，地表温度越低。城市绿地斑块大小、形状及空间配置对其热调节服务有显著影响（Cao et al.，2010；Lin et al.，2015；王蕾等，2015；袁振等，2017）。在城市热调节服务评价研究中，空气温度、地表温度、地表比辐射率、地表蒸散发等指标被广泛应用于评估城市热调节服务（Whitford et al.，2001；Tratalos et al.，2007；Schwarz et al.，2011；Larondelle and Lauf，2016）。

第二节　生态海绵城市建设的新理念与范式

"海绵城市"是指城市能向海绵一样，在适应环境变化和应对自然灾害方面具有良好的"弹性"，下雨时吸水、蓄水、渗水、净水，需要时将蓄存的水"释放"并加以利用，逐步改善并恢复城市的自然生态平衡[①]。由于海绵城市在建设中以人和自然生态为优先原则，也将其称为"生态海绵城市"（图1.1）。

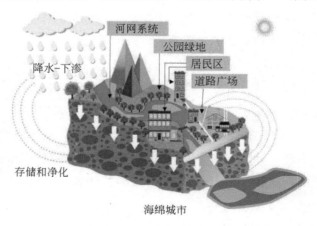

图1.1　海绵城市概念图（Chan et al.，2018）

---

① 住房和城乡建设部. 2014. 海绵城市建设技术指南——低影响开发雨水系统构建（试行）.

　　许多发达国家及城市也正经历着从传统雨洪管理到现代雨洪综合管理的转型，同样面临着与我国类似的一些问题。发达国家相对成熟的城市雨洪管理框架、法制体系、规划和技术体系对缓解这些问题发挥了重要作用，大量的设计手册及技术指南也为工程技术人员提供了有效工具，为我国海绵城市建设和规划起到了良好的借鉴作用（Chan et al.，2018；车伍等，2015a，2015b；胡楠等，2015；胡灿伟，2015；刘文等，2015；李强，2013）。

　　美国国家环境保护局（Environment Protection Agency，EPA）于 20 世纪 70 年代最早提出了最优管理措施（best management practice，BMP），以解决流域面源污染问题（Fletcher et al.，2015；Scholz，2006）。在此基础上，90 年代提出了低影响开发（low impact development，LID），并在马里兰州的乔治王子郡和西雅图的波特兰市开展应用，旨在通过分散的源头管理实现暴雨径流和面源污染控制，使城市地区的水文循环接近于自然循环（Fletcher et al.，2015）。低影响开发包含的措施有进行径流源头控制的透水铺装、雨水花园、绿色屋顶和植草沟等，径流转输过程控制的雨水滞留池、雨水湿地等，以及雨水收集利用设施等（Gaffin et al.，2012；Jones et al.，2012）。世界其他发达国家也逐渐接受低影响开发理念，并成为其常用的城市绿色雨水管理基础设施技术。例如，英国的可持续城市排水系统（sustainable urban drainage system，SUDS）、新西兰的低影响城市设计与开发（low impact urban design and development，LIUDD）、澳大利亚的水敏感城市设计等都应用了相似的雨洪管理理念（Fletcher et al.，2015；Chui et al.，2016；Mao et al.，2017）。上述的一系列城市雨洪管理措施能够保护城市水资源、控制暴雨径流与面源污染，促进城市的可持续性和气候适应性（Brown et al.，2009）。然而，这些雨洪管理技术仍在发展阶段，且多在小尺度上开展应用（Nguyen et al.，2018）。

　　国内海绵城市相关研究仍处于起步阶段，理念和方法在不断的补充和完善之中，并且各种工程措施、非工程措施仍在快速发展时期（车伍等，2009；宫永伟等，2012；胡灿伟，2015）。当前海绵城市建设理念和方法的研究较多，如住建部发布的《海绵城市建设技术指南——低影响开发雨水系统构建（试行）》（2014）、俞孔坚等（2015）和吴丹洁等（2016）均对海绵城市的内涵与相关实践做了详细地阐述和分析。其中，仇保兴（2015）在《海绵城市（LID）的内涵、途径与展望》中指出海绵城市的内涵是：①解决城镇化与水资源和水环境的协调和谐问题；②提升城市适应环境和自然灾害的能力与弹性；③将城市排水防涝思路转变至水的循环利用；④保证城市在开发建设前后水文特征不变。

在海绵城市与低影响开发建设规划中，城市地表径流控制比率与污染负荷削减比率是重要的评价指标，因此基于水文模型的城市雨洪模拟成为重要的技术手段。目前，主要的模型有 SWMM、SUSTAIN、TOPMODEL、InfoWorks CS、HEC-HRS 和 SWAT 等（Yao et al.，2018；赵银兵等，2019）。由于大范围的城市管网和精细地表覆盖等数据较难获取，当前大多研究集中在小区尺度的地块规划设计上，对较大尺度如城市尺度等整体研究规划设计实践研究较少，对基于海绵城市建设工程性措施中各城市地表覆盖的分类研究及相关关系研究也不足（车伍等，2015a，2015b；胡楠，2015；吕伟娅等，2015）。例如，刘昌明等（2016）研发了新的城市雨洪管理模型，并将其应用于国家首批海绵城市的试点城市（常州），通过设计下沉式绿地、透水铺装和绿色屋顶等措施，90%以上的城市区域能够达到径流控制目标，污染负荷的削减率能达到 45%以上；庞璇等（2019）基于 SWMM 模型模拟北京市未来科技园区的径流与设计低影响开发措施，发现通过增设 20%的低影响开发措施，研究区 90%的地块能够达到径流控制目标。

通过海绵城市规划建设，城市要实现"小雨不积水、大雨不内涝、水体不黑臭、热岛有缓解"的目标，但在当前大多的海绵城市研究中重点考虑城市径流调节、水质净化等水生态系统服务的提升，对城市热岛调节的关注较少。本书中的"生态海绵城市"，旨在开发面向城市雨洪调节和热岛调控的优先区识别与评价模型，构建生态海绵城市低影响开发措施配置的适应度评价准则，为城市绿色基础设施低影响开发措施的合理规划提供科学依据。

第三节　服务于水热调节的城市地表结构调控模式

城市化进程中城市扩张使得高密度不透水面迅速增加，改变了城市的自然水循环过程（Hallegatte et al.，2013；张建云，2012），导致流域径流系数和径流量增加。研究表明，城市绿色基础设施能够有效调节城市地表径流，降低城市洪水灾害风险（Armson et al.，2013；Inkiläinen et al.，2013），已经成为提升城市雨洪调节服务和水弹性的重要手段（Scott et al.，2018）。在高密度建筑区增加公园绿地比例，地表径流削减效益更为明显。不同的植被类型（如灌木和草地）及绿地斑块的空间配置格局也会影响城市雨洪调节服务（Gill et al.，2007；Yang et al.，2015；Zhang et al.，2015）。Yang 等（2015）评估宜兴市的城市绿地能够储存降水比例的 88%。Zhang 等（2015）研究发现 2000~2010 年城市化对城市绿地的占用导致北京市绿地径流削减率下降 6%。因此，在生态海绵城市建设中，最关键的是如何识别城市雨洪调节优先区域，评价不同类型城市绿色基础设施及低影响开发措施对下垫面的适应度，以最大限度的实现城市绿色基础设施的雨洪调节功能。

城市绿色基础设施同时能够有效缓解城市热岛效应提升城市热调节服务（Bowler et al.，2010）。Whitford 等（2001）和 Tratalos 等（2007）等分别应用空气温度、地表比辐射率和蒸散等作为评价指标来量化城市生态系统热调节服务。城市规划部门已经认识到城市绿色基础设施在热岛调节方面的潜在效益，很多城市都在开展城市绿化工程。研究表明，城市绿地（草地、树、灌木和公园等）能够通过阴影和蒸腾作用起到局地降温和缓解城市热岛的作用，在城市热环境调控中发挥"冷效应"（Chang et al.，2007；Weng and Lu，2008；Zhang et al.，2009）。城市植被覆盖度直接影响地表温度，研究表明植被覆盖度上升 10%，地表温度能够下降 1℃（Coutts et al.，2007）。在不同植被覆盖度的地块开展绿化，单位植被覆盖度的潜在降温效益也存在差异，植被覆盖度越低的区域降温效果越明显（Kuang et al.，2015）。绿地斑块大小、形状及空间配置对其热调节能力也有显著影响（Cao et al.，2010；Lin et al.，2015；王蕾等，2015；袁振等，2017；Zhou et al.，2017）。因此，在生态海绵城市的热岛调节调控中，如何识别城市热岛调节优先区域，评价不同类型的城市绿色基础设施与低影响开发措施的适应度，进而优化城市绿色基础设施布局，最大限度地实现潜在的热岛调节效益，对于实现达到"热岛有缓解"的目标尤为重要（图 1.2）。

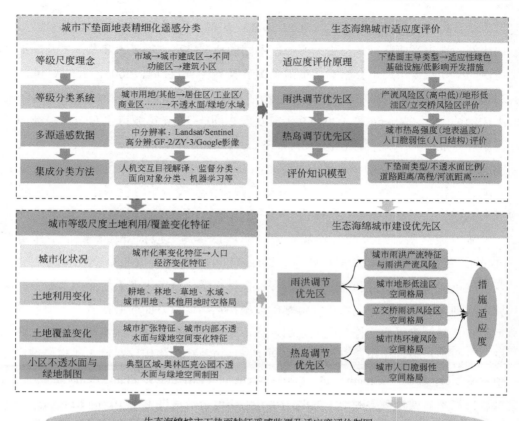

图 1.2　生态海绵城市建设适应度评价框架图

第二章 城市下垫面地表精细化遥感分类模型方法

本章主要介绍了等级尺度城市下垫面结构基本原理，设计了面向生态海绵城市的下垫面等级结构分类系统，集成了城乡土地利用与城市功能区识别方法，并实现了城市不透水面/绿地组分遥感分类、城市建筑材料和公园绿地遥感制图与面向对象的城市地表覆盖遥感分类和制图，形成城市下垫面精细化制图集成模型系统，从而为服务于水热调节的城市地表结构调控模式提供下垫面基础。

第一节 等级尺度城市下垫面结构基本原理

城市生态服务功能既包括区域景观尺度的环境服务功能，也涉及全球尺度的过程——城市生态系统的物质和能量循环过程，建立了人类生存所必需的环境条件。环境服务功能包括植被对大气降温作用、吸附大气污染物的作用，以及对调节局地气候的能力等。为了描述生态系统的复杂性和非线性特征，理论生态学家们借鉴了复杂系统等级理论（hierarchical theory）（O'Neill et al., 1989），并将其同景观生态学用来描述空间格局复杂性的斑块动态理论相结合，发展了复杂系统等级斑块动态理论（Wu, 1999）。该理论成为描述和分析城市生态系统复杂性的重要方法。城市生态系统等级尺度斑块动态过程如下：

1）将城市生态系统的结构组成和过程依照其尺度和功能性质分解为一系列嵌套的功能等级（如区域、景观、生态系统、群落等级）。每个等级尺度都有相应的关键生态过程（dominant ecological processes），以及人类控制和干扰相互作用。

2）城市系统的空间异质性由斑块动态来模拟。每个斑块属于一定等级但具有特定的属性。例如，市区属于城市生态景观等级，草坪和城市森林都属于生态系统等级但是有不同的属性。

3）低等级（尺度更小）的斑块构成高等级斑块的子系统。高等级斑块所表现的功能可以通过对子系统过程机制的分析进行量化总结。高等级斑块的生态过程会限制和影响低等级斑块的生态过程（如人类活动导致的热岛效应会影响生态系统斑块的生产力）。

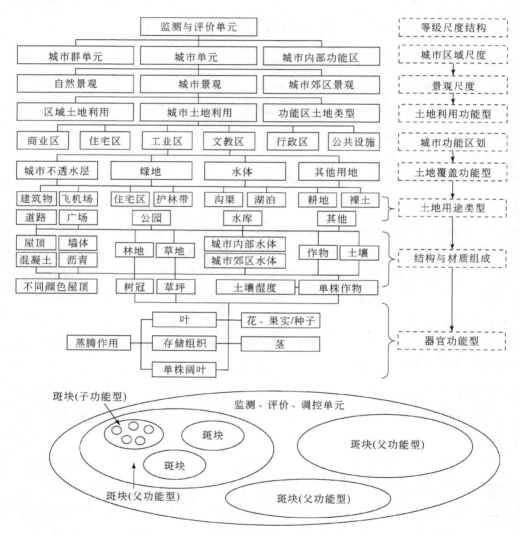

图 2.1　城市地表等级结构原理图（匡文慧，2015）

4）最基层的生态过程机制同自然系统相同，但要受到来自更高等级的人类干扰的控制。

基于此框架，依据影响城市地表热环境的等级尺度地表结构作用机制，形成地理区位论与地表水热过程理论相耦合的监测、评价、控制单元的模型体系，依托等级尺度城市地表结构设置相应等级监测与评价单元，建立城市生态服务水热调控相关的城市地表等级结构作用指标参数（图 2.1）。

结合城市地表结构与水热调节过程监测方法构建城市区域尺度、景观尺度、土地利用功能、城市功能区、土地覆盖功能、土地用途类型、结构与材质组成、器官功能类型的等级尺度结构评价体系。研究区域被划分为若干模拟单元（城市功能区），单元内共享土地覆盖（不透水面、绿地、水域和裸土等）、土壤属性和区域气候驱动因子。在模拟单元内包括父功能型及子功能型。子斑块内还可嵌含更低等级功能型的斑块，一直到植物器官等级尺度。模拟单元和各个斑块可以有不规则形状大小。除了最低等级的斑块外，每个斑块的生态功能都是其包含的子斑块生态功能的总和。模型输入参数主要基于斑块主体与多源信息嵌套集成生成，构建等级结构评价单元、等级结构多源信息融合及等级信息融合与分析一体化方法体系。

第二节 城市下垫面等级结构分类系统设计

充分考虑自然资源部土地利用分类系统、住建部城市用地分类系统及遥感技术方法特点与缺陷，从城市功能区划用地类型和土地覆被类型两个层面，综合归纳提出土地功能类型、覆被类型两级城市内部等级结构地表分类体系，并充分运用国内外高分辨率遥感影像，结合基础地理信息等辅助数据，运用地学知识和遥感信息分类提取技术、多源数据融合方法等，发展城市地表等级空间结构遥感分类技术。

随着城市化的加快，城市硬化地表建设导致不透水面快速增加，城市下垫面复杂。城市不透水面和绿地空间是城市最主要的地表覆盖类型。其中，城市不透水面（impervious surface area，ISA）是指城市发展建设产生的一种地表水不能直接渗透到土壤的人工地表类型，包括城市中的道路、广场、停车场和建筑屋顶等。

城市不透水面是反映人类活动强度和评价城市生态结构变化的重要指标，对于评价城市生态系统健康与人居环境质量具有重要的理论与现实意义。城市绿地空间（green space，GS）是指分布于城市内的公园、林地和草地等覆盖类型。城市绿地空间作为城市生态系统的重要组成部分，在改善城市环境，特别是空气和水质净化、建筑节能、适宜空气温度调节和紫外线减少方面具有重要作用。

根据海绵城市建设需求，综合考虑当前城市用地分类系统及遥感技术特点，基于多源遥感数据获取城市不同尺度功能区划类型、地表覆盖类型划分海绵城市建设等级城市地表等级结构分类方案，如表 2.1 所示。在功能区划类型层面上，采用 2～10 m 高分辨率遥感数据、城市规划图件作为制图基础数据源，利用人工智能、混合像元分解和面向对象的多尺度分割方法，识别生态水域、绿地空间和人居生产生活空间，提取城市内部的工业区、住宅区、商业区、公共设施、绿地和水域等功能用地区划类型，为海绵城市规划及工程实施提供详细的功能区划空间信息；在地表覆盖尺度，分别选择典型区城市水域空间、绿地空间和人居空间典型区域，基于优于 1 m 分辨率高分遥感数据，提取不透水面、绿地和水域等地表覆盖状况，并详细划分交通、广场、房屋、林地、草地、河流和湖泊等地表适应类型，应用于海绵城市建设适应性技术措施实施。

表 2.1　海绵城市建设城市地表等级空间结构分类方案

土地利用类型	功能区划	地表覆盖类型	
		一级类	二级类
城市用地	商业区	水体	河流、湖泊、水库
		绿地	林地、草地
		不透水面	道路、广场、房屋、停车场
	居住区	水体	池塘
		绿地	林地、草地
		不透水面	房屋、道路、广场、停车场
	工业区	水体	池塘
		绿地	林地、草地
		不透水面	房屋、道路、广场、停车场

续表

土地利用类型	功能区划	地表覆盖类型	
		一级类	二级类
城市用地	公共设施区	水体	池塘
		绿地	林地、草地
		不透水面	道路、广场
	其他功能区	……	……
其他用地类型	耕地	旱地/水田	
	林地	有林地、疏林地、灌木林地等	
	草地	高覆盖、中覆盖、低覆盖草地	
	水域	河流、湖泊、坑塘、水库等	

第三节　城乡土地利用与城市功能区识别方法

　　基于多源遥感获取城市不同尺度土地利用与功能区信息，在空间尺度上划分为景观类型、功能区类型，以多源空间数据融合的方法快速获取城市土地利用和功能区空间信息，具体技术流程见图2.2。在景观尺度上，基于 Landsat TM 遥感影像，采用人机交互式的方式获取耕地、林地、草地、水域、建设用地与未利用地信息，服务于城市土地利用监测；功能区类型在获取城市边界基础上，采用高分辨率遥感数据、城市规划图件作为制图基本数据源，利用面向对象的图斑分割方法提取城市内部的工业区、住宅区、商业区和公共设施区等类型，为城市总体规划与详细规划提供空间信息。

　　考虑城市功能区制图中需要精准的空间定位，为提高系列空间数据叠置的定位精度与分类精度，本书综合运用遥感解译法、地物名称判别法、辅助信息参考法和城市土地调查法，通过遥感分层分类法首先对基准年份城市功能区分类（表 2.2）。城市功能区变化主要以城市外延式扩张和内部旧城区改造为主，采用面向"对象分割"的方法对其他时段城市功能区分类，详细内容见匡文慧（2012）的专著《城市土地利用时空信息数字重建、分析与模拟》。

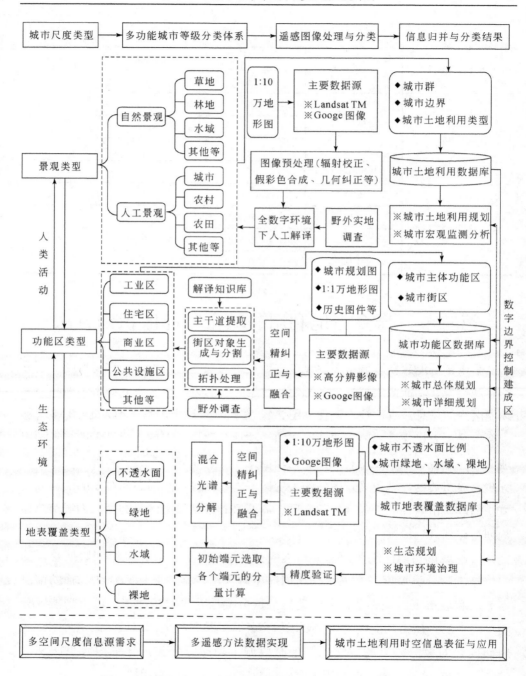

图 2.2 城市土地利用与功能区遥感信息生成（匡文慧，2012）

表 2.2 SPOT5 真彩色遥感影像城市功能区分类解译标志（匡文慧，2012）

类型代码	空间分布	影像特征			
		形态	色调	纹理	实例
11 商业用地	城市中心区与城市主干道直接相连集聚分布	沿圆形广场或主干道呈规则方格状排列、带有较长的阴影	白色、蓝紫色、夹杂紫色	规则地排列、结构粗糙	
12 工业用地	城市边缘区与城市主干道直接相连集聚分布	呈规则的块状分布	白色、黄色、紫色交错分布	块状结构、纹理均一	
13 公共设施	城市主城区与主干道直接相连	与主干道相连呈圆形或规则排列、无阴影	白色、白蓝色夹杂	规则地排列、结构复杂	
14 公共建筑	各圈层均有分布、与主干道直接相连	与主干道连接、部分带有圈状跑道与规则方格建筑镶嵌分布	棕黄色斑状、蓝色夹杂	规则地排列、结构复杂	
15 住宅用地	城市中间圈层到边缘均有分布	规则地方格状排列	白色斑状、白蓝色夹杂	规则地排列、结构粗糙	
16 道路用地	从城市中央呈散射状分布	由圆形广场相连的条带状网状分布	紫蓝色、夹杂深紫色	影像结构粗糙	
17 绿地	道路两侧、公园内部、河流两侧	带状分布、大块状与水域镶嵌分布	绿色、黄绿色、深绿色	有立绒状纹理	
18 水域	城区河流、公园水域	带状、自然近圆形态	深蓝色、蓝	影像结构细腻、均一	
19 其他用地	城市边缘区	条块状分布、被道路分割	绿色、黄绿色、白绿色	有明显纹理与条带状	

第四节　城市不透水面/绿地组分遥感分类

城市不透水面与绿地等主要地表覆盖类型，作为城市土地利用/覆盖结构特征的重要组合模式，会对城市生产、生活、生态、服务空间布局及其承担的功能产生重要影响（匡文慧，2015）。如何统筹承载高密度的人口、产业的城市用地有效布局，实现城市内部生活空间、生产空间、服务空间和生态空间格局优化组合，事关国家整体城镇化发展的质量，对于提高城市生态功能、改善人居环境质量，建设低碳城市、弹性城市、生态宜居城市乃至提高对全球气候变化的适应能力具有重要的现实意义（匡文慧等，2014；匡文慧，2015）。

城市尺度不透水面信息提取，采用基于中分辨率影像的亚像元线性光谱混合像元分解方法（linear spectral mixture analysis，LSMA）来获取。线性光谱混合像元分解方法是以 V-I-S 混合像元模型为基础，将像元在某一波段的反射率简单地假设为，其等于其他组分的反射率与其所占像元面积比例的加权和，可表示为

$$D_b = \sum_{i=1}^{N} m_i a_{ij} + e_b \tag{2.1}$$

式中，D_b 为波段 b 的反射率；N 为像元端元数；a_{ij} 为第 i 端元在第 j 波段的灰度值；m_i 为第 i 端元在像元内部所占比例；e_b 为模型在波段 b 的误差项（刘珍环等，2011）。其中，为满足这种简单的线性关系假设，需同时满足下面两个条件：

$$\begin{cases} \sum_{i=1}^{N} m_i = 1 \\ m_i \geqslant 0 \end{cases} \tag{2.2}$$

最后，在获取纯净像元确定 D_b 值后，通过最小二乘法进行光谱分离与检验。

本书基于 ENVI 5.3 软件，采用 Landsat5 TM/ 7ETM+/8 OLI 为数据源，在对其预处理结果的基础上，首先使用最小噪声分离（minimum noise fraction，MNF）变换进行数据降维，以减少影像数据位数与波段的相关性的影响；然后，选取数据降维后的前 3 个主成分组成的二维散点图进行纯净端元选取；其次，采用最小二乘法通过选择的典型地物端元对光谱进行线性分解；最后利用改进的归一化水体指数和归一化植被指数剔除水体、植被等地物类型，提取低反照地区和高反照

地物之和，实现城市尺度不透水面信息的提取（图 2.3）。

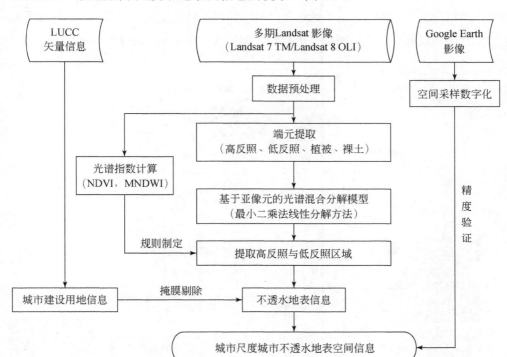

图 2.3　城市尺度城市不透水面信息提取技术流程

一、纯像元选择

端元选择作为线性光谱混合像元分解方法中最为重要的步骤之一，是指更具研究区特征和信息提取目标，对地物的纯净光谱进行选择。根据 V-I-S 混合像元模型，地表组分可划分为植被、土壤和不透水面，而不透水面又包括高反照率和低反照率地表两类；其中前者包括水泥路面、屋顶等，后者包括沥青表面、建筑阴影等。故本书确定纯净端元包括植被、土壤、高反照地表及低反照地表四类。

在纯净单元选取之前，对影像进行 MNF 变换，使数据维度降低，同时降低数据冗余度及各波段之间的关联性。通过变换后影像前三个主成分波段的二维散点图组合，按照纯净端元分布在二维散点图组合三角形各顶点的一般规律，多次尝试选取样点，观察其分布地点所在地物类型是否均为同一端元类型，然后辅以像元波谱曲线特征交互显示参考，基于此筛选出最优的光谱特征空间散点几何，并作为目标端元（即高反照率、低反照率、植被和土壤）的纯净端元（图 2.4、图 2.5）。

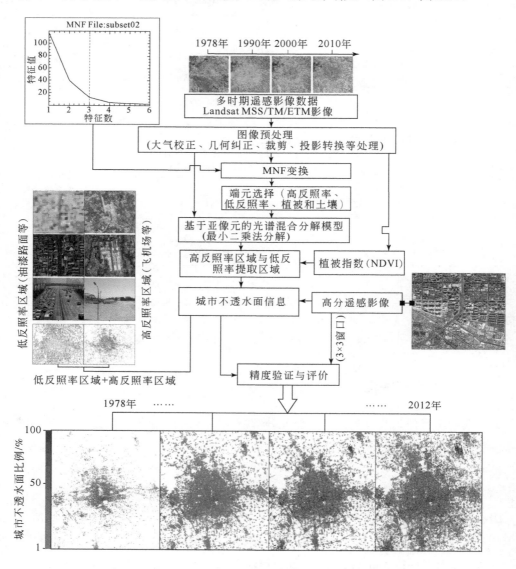

图 2.4　基于线性光谱混合像元分解模型城市不透水面信息提取（匡文慧等，2015）

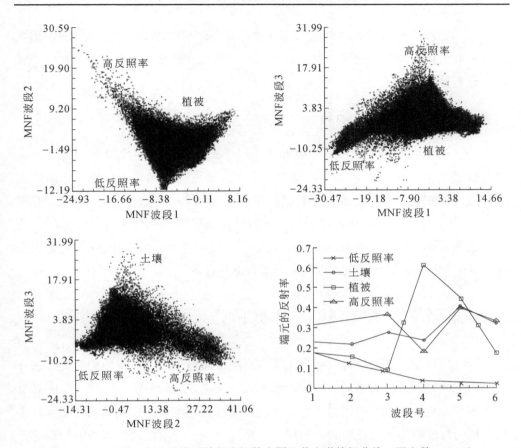

图 2.5　MNF 前 3 个分量端元特征空间散点图及其光谱特征曲线（匡文慧，2015）

二、线性光谱混合像元分解与不透水面提取

基于优化选取的 4 个组分端元，通过最小二乘法分解得到各个端元覆盖比例栅格图，并将高、低反照率覆盖比例之和作为不透水面，其计算公式如下：

$$R_{(\text{imp},b)} = f_{\text{low}} R_{(\text{low},b)} + f_{\text{high}} R_{(\text{high},b)} + e_b \qquad (2.3)$$

式中，$R_{(\text{imp},b)}$ 为第 b 波段的不透水面反照率；$R_{(\text{low},b)}$，$R_{(\text{high},b)}$ 分别为第 b 波段的低反照率和高反照率；f_{high}，f_{low} 分别为高、低反照率端元所占的比例，$f_{\text{high}} > 0, f_{\text{low}} > 0$ 且 $f_{\text{high}} + f_{\text{low}} = 1$；$e_b$ 为模型残差。

此外，在对不透水面进行合并后，必须消除水体和阴影等低反照率特征的影响，采用由原始影像计算的修正归一化水体指数（MNDWI）和归一化植被指数（NDVI）进行空间掩码剔除，然后合并低反照与高反照地物区域，获得最终不透水面分布信息。

三、解译精度评价方法

与区域尺度不透水面精度验证方法类似，城市尺度 30 m×30 m 城市不透水面精度验证与评价，以北京市建设用地范围内随机提取的若干样点构建的样本窗口进行面积比例均值统计，并与相应年份高分辨率影像数据（Google Earth 影像/航片等）经人工数字化解译提取的不透水面真实面积比例进行拟合分析，采用相关系数和均方根误差评价结果。其中，该尺度样本窗口按照 3×3 像元大小（即 90 m×90 m）进行设置，以避免影像校准误差。

第五节　城市建筑材质和公园绿地遥感制图

城区尺度不透水面信息，采用基于高分遥感影像的面向对象模糊分类方法分类提取不同地表覆盖类型后，对不透水面相关类别进行合并汇总生成。面向对象分类方法，是根据研究区影像中各像元的光谱特征、纹理特征及形状特征等，将具有相同特征的像元进行组合，组成一个影像对象，并根据这些对象的特征进行图像分类的过程。这一方法不仅能够使高分影像中的信息得到充分运用，而且便于提取容易混淆的地物，其主要步骤包括两步：影像分割、影像分类。前者是基于整个影像，使用特定的算法对以像元为单元的空间格局进行细分，并采用特定的分割参数将不同地物类型空间轮廓勾画出来；后者则是根据勾画出的地物特征，分别赋予其地物类型信息，实现地物的分类提取。

本书以 eCognition 9.1 软件为支撑工具，在其面向对象多尺度分割、模糊分类等功能模块的支持下，实现对城区尺度地表覆盖的面向对象分类。然后，通过其输出的矢量文件进行地类合并，获得最终 1 m 分辨率不透水面分布数据。城区尺度面向对象模糊分类方法提取不透水面的技术流程如图 2.6 所示。

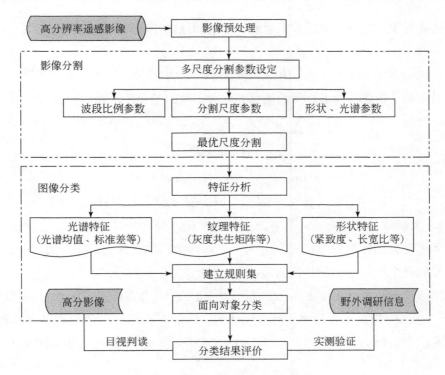

图 2.6 城区尺度面向对象分类流程

一、影像多尺度分割

高分辨率影像其内容信息比较丰富，不同性质类别信息有其最适宜的空间分辨率或尺度，故需针对不同地物类别进行不同尺度分割的选择。多尺度分割作为一种自上而下分割、自下而上合并的区域生长分割算法，可以自动构建整幅影像中地物类型的轮廓对象，并建立有层次、有结构的影像对象层。在具体执行中，通过对影像中的地物类型设定唯一的阈值，并基于特定地物在影像中的光谱、形状、纹理等空间分布特征，生成对应的多尺度分割准则；然后，基于目标影像对象内部异质性最小的原则，将光谱信息类似的相邻像元合并，组成一个有意义的对象，使得分割后对象间的异质性达到最大（孙志英等，2007）。

一般根据影像特征与经验来设定合理的分割尺度大小及其他分割参数，而分割后目标地物的影像对象间的异质性，一般通过差异性指数 f 来表示，它是指合

并后地物对象的光谱差异性和形状差异性的加权值，其计算公式为

$$f = w_1 \cdot h_{color} + (1 - w_1) \cdot h_{shape} \tag{2.4}$$

式中，w_1 为光谱权重；h_{color}，h_{shape} 分别为对象的光谱差异性和形状差异性，分别用来表示对象内部各像素之间的光谱和对象形状的差异性，其计算公式分别为

$$h_{color} = \sum_1^c w_c \cdot [n_m \cdot \sigma_m - (n_1 \cdot \sigma_1 + n_2 \cdot \sigma_2)] \tag{2.5}$$

$$\begin{cases} h_{shape} = w_2 \cdot h_{com} + (1 - w_2) \cdot h_{smooth} \\ h_{com} = \sqrt{n_m} \cdot E_m - (\sqrt{n_1} \cdot E_1 + \sqrt{n_2} \cdot E_2) \\ h_{smooth} = n_m \cdot E_m / L_m - (n_1 \cdot E_1 / L_1 + n_2 \cdot E_2 / L_2) \end{cases} \tag{2.6}$$

式中，c 为影像的波段数；w_c 为各波段的权重；n_m 为合并后对象的像元个数；σ_m 为合并后对象的标准方差；n_1，n_2 为合并前两个相邻对象的像元个数；σ_1，σ_2 为合并前两个相邻对象的标准方差；h_{com}，h_{smooth} 分别为紧凑度和光滑度；w_2 为紧凑度的权重；n_m 为合并后对象的像元个数；E_m 为合并后对象区域的实际边界长度；E_1，E_2 为合并前两相邻对象区域的实际边界长度；L_m 为包含合并后影像区域范围的矩形边界长度；L_1，L_2 为包含合并前影像区域范围的两个矩形边界长度。

二、影像模糊分类

对遥感影像进行多尺度分割后，影像单元变成同质像元组成的不规则多边形对象。模糊分类方法就是根据对象的分类特征，计算其归于某类的隶属度函数，并获得相应区域特征的模糊化值，然后进行模糊规则推理，将各类特征隶属度组成隶属度元组，最后进行反模糊化的过程，即根据对象的隶属度元组将其归于某类目标地物，实现目标地物的分类过程。其主要步骤包括：①确定分类类别，并设置最小隶属度分类阈值；②根据地物特征值分布状况，建立分类知识库并确定隶属度函数及模糊规则组合方式；③模糊规则处理计算最终隶属度；④利用反模糊化处理进行分类；⑤分类精度评价等。

其中，影像对象的特征参数选择需综合分析影像各类地物信息后，进行优化选取；同时要选择待分类类别最显著的特征加入规则集，以避免分类精度的降低。常用的影像特征参数主要包括三类：光谱特征、形状特征和纹理特征。光谱特征

主要用于描述对象的光谱信息，是由真实的地物和成像状态所决定的光学物理属性，与对象的灰度值相关，包括影像对象的均值、方差和亮度等，如常用的植被覆盖指数、水体指数等亦属此类；形状特征反映了对象的形态特征，如对象对应多边形的周长、面积、长宽比及形状指数等；纹理特征则反映了像元的对比度和对比度的频率变化，如同质性、相异性等。

三、分类结果精度验证

按照预先设置的地表覆盖分类系统，采用面向对象模糊分类方法对城区地表覆盖类型进行分类提取后，需首先对其分类精度进行验证，其次再将经过精度验证的地表覆盖类型进行合并，获得最终的城市不透水面分布信息。

其中，本书针对城区尺度地表覆盖分类结果，基于研究区范围随机选取若干样点，将它们与处理后地表分类数据进行求交，挂接各采样点所处地物类型属性，后加载 0.6 m 的 Google Earth 影像及实地调研观测进行人工目视判读验证，并基于样本点所在地物分类判断结果，制作混淆矩阵表。通过混淆矩阵表中各地类的生产者精度、用户精度，以及分类的总体精度、Kappa 系数进行精度验证与评价。

第六节　面向对象分类与城市地表分类制图

一、面向对象分类参数设置

根据北京市奥林匹克森林公园实验区土地覆盖分布特点，结合其所对应 GF-2 号影像特征，以及本书提取不透水面的研究目标，将地表覆盖类型分为以下六类：房屋建筑（包括红、蓝、白色屋顶建筑及其他人工构筑物），道路广场（包括马路、人行道和广场等硬化地表），植被（包括林地、草地和城市绿化带等），水体（包括湖泊、河流和坑塘等），阴影（主要是房屋建筑阴影区域）及其他用地（包括裸土及其他难以识别的地物类型）。其中，不透水面是房屋建筑、道路广场和阴影三种地类的集合体。

研究区地表覆盖种类繁杂，影像光谱、形状和颜色等信息较为丰富，故本书在设置 4 个波段权重均为 1 的情况下，分别维持形状参数、紧凑度参数、分割尺度参数中其中两个恒定的基础上，变化第三个参数以进行多次重复试验，实现最终三个最优分割参数的确定，主要步骤如下。

（一）形状、紧凑度参数选择

在保证尺度参数（设为 200）一定的情况下，不同分割参数试验结果表明：在尺度与形状参数（设为 0.2）一定的情况下，如果紧凑度参数设置过小，则对地物分割太精细，即分割结果会较为破碎、分割斑块个数较多；而如果紧凑度设置过大，则对地物分割不充足，使分割结果形状过于完整，与此同时斑块内异质性却很大（图 2.7）。综合对比考虑后，本书设置紧凑度参数为 0.5。

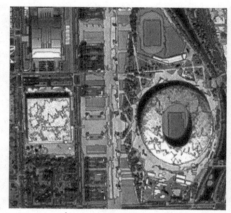
(a) 紧凑度参数 0.1

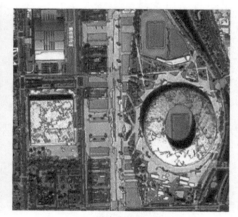
(b) 紧凑度参数 0.2

(c) 紧凑度参数 0.3

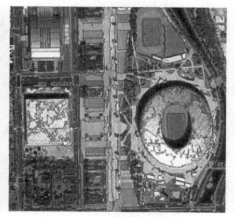
(d) 紧凑度参数 0.4

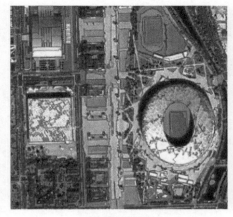

(e) 紧凑度参数 0.5　　　　　　　　　　　　　(f) 紧凑度参数 0.6

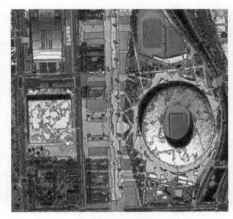
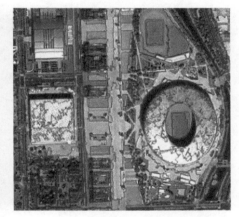

(g) 紧凑度参数 0.7　　　　　　　　　　　　　(h) 紧凑度参数 0.8

图 2.7　紧凑度参数对分割的影响（尺度=100，形状=0.5）

在尺度与紧凑度参数（设为 0.5）一定的情况下，进行对比试验选择形状参数。结果表明：如果形状参数设置过大，同一地物分割斑块越少，不同地物分割形状大小差异越大，虽然地物轮廓更完整，但易造成不同地物处于同一分割斑块；而如果形状参数设置过小，则对地物分割更精细，形状大小差异亦越小，即分割单元大小越接近，造成分割斑块细小而杂乱（图 2.8）。此外，由于形状参数与颜色参数是此消彼长的关系，因此，形状参数设置越大，在进行分割时，颜色（光谱）参数在分割时的权重就会降低，导致影像分割的结果与颜色的相关性越小，使较好地反映地物或者地块的实际形状实现困难。综上，本书设置形状参数为 0.5。

(a) 形状参数 0.1

(b) 形状参数 0.2

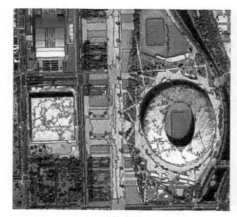

(c) 形状参数 0.3

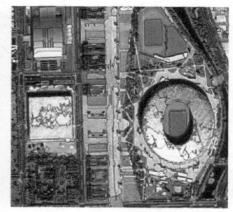

(d) 形状参数 0.4

(e) 形状参数 0.5

(f) 形状参数 0.6

 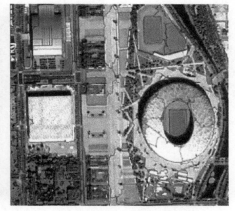

(g) 形状参数 0.7　　　　　　　　　　　　(h) 形状参数 0.8

图 2.8　形状参数对分割的影响（尺度=100，紧凑度=0.1）

（二）最优分割参数选择

在确定好紧凑度参数与形状参数的基础上，采用与 eCognition 软件所匹配的尺度参数评估工具 ESP（estimation of scale parameter），初步计算相对较为合适的分割参数后，再结合分割对比实验以确定最终的最优分割尺度。其中，ESP 工具基于影像内部各对象间异质性的局部方差理论，计算不同分割尺度下局部方差曲线（LV）和变化率曲线（ROC），并根据后者持续下降趋势中的突变值来选择合适的分割尺度（图 2.9）。从图中看出，ESP 选择出来较好的分割尺度主要位于 70、95、115、175、230、285 等值处，这为进一步优选尺度提供了参照。

在对上述分割尺度做初选的基础上，再分别针对它们进行分割对比试验，选择最优分割尺度。结果表明：当设置分割尺度小于 115 时，虽然能有效分割植被、建筑、道路、水体、未利用地和阴影，但各类斑块内异质性水平较低，同时造成大多数相同地类的割裂，斑块破碎化较为严重；当分割尺度设置分别为 175～230 时，能分割出道路、建筑、水体、植被、阴影和未利用地，但有部分植被和阴影、植被和道路出现混淆；当分割尺度设置为 285 时，不仅能细分各个地类，而且分割地类斑块效果较好；当分割尺度大于 285 时，阴影斑块和其他地类混合加剧，广场、部分道路与建筑斑块混合（图 2.10）。

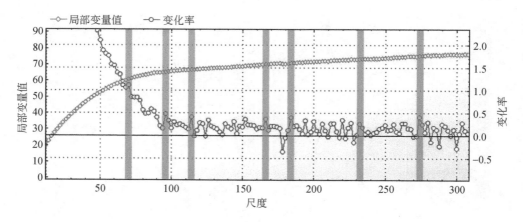

图 2.9　基于 ESP 分割尺度参数评估工具的最优尺度筛选

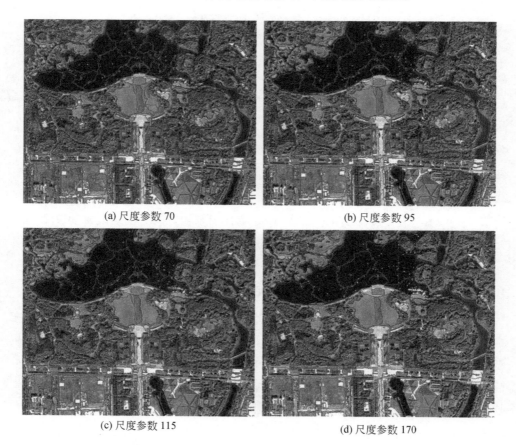

(e) 尺度参数 230　　　　　　　　　　　(f) 尺度参数 285

图 2.10　尺度参数对分割结果的影响

故通过上述反复对比试验，本书中优选设定分割尺度为 175 和 285 作为本研究的二层分割尺度；此外，设置颜色、形状、紧凑度和光滑度权重均为 0.5。

（三）特征集选择与计算方法

对影像进行多尺度分割后，根据响应分割尺度及其地物特征因素选取特征因子，以实现目标地物分类提取。参考相关研究资料，并通过多次对比分析试验，选择如下特征指数作为分类的特征集合。其中，共包含 8 个光谱特征、3 个几何特征和 2 个纹理特征（表 2.3）。

表 2.3　分类特征及其计算公式

特征类型	特征名称	计算公式
光谱特征	亮度	$b = \dfrac{1}{n_i}\sum\limits_{i=1}^{a_i} \overline{C_i}$
	近红外标准差	$\sigma_L = \sqrt{\dfrac{1}{n-1}\sum\limits_{i=1}^{n}(C_{L_i} - \overline{C_L})^2}$
	归一化植被指数	$\mathrm{NDVI} = (\mathrm{NIR} - R)/(\mathrm{NIR} + R)$
	归一化水体指数	$\mathrm{NDWI} = (G - \mathrm{NIR})/(G + \mathrm{NIR})$
	建筑物面积指数（BAI）	$\mathrm{BAI} = (B - R)/(B + R)$
	增强红色屋顶指数（R）	$R = 2 * \mathrm{Mean}.R - \mathrm{Mean}.B - \mathrm{Mean}.G$

特征类型	特征名称	计算公式
光谱特征	增强蓝色屋顶指数（B）	$B = 2 * \text{Mean}.B - \text{Mean}.R - \text{Mean}.G$
	增强白色屋顶指数（W）	$W = \text{Mean}.R + \text{Mean}.B + \text{Mean}.G$
几何特征	不对称性	不对称性 $= 1 - v/w$
	长宽比	长/宽 $= \text{eig}_1(S)/\text{eig}_2(S)$
	密度	$d = \sqrt{A}/[1 + \sqrt{\text{Var}(X) + \text{Var}(Y)}]$
纹理特征	均质性	$\text{ho} = \sum_{i=1}^{N-1}\sum_{i=0}^{N-1} g(i,j)/[1 + |i-j|]$
	差异性	$\text{dis} = \sum_{i=1}^{N-1}\sum_{i=0}^{N-1} |i-j| \cdot g(i,j)$

注：NIR、R、G、B 分别代表近红外、红光、绿光和蓝光；L 代表土壤调节因子，取 0.5（徐涵秋，2009）。

（四）规则集构建与模糊分类

在确定描述地物类型所需的特征后，经过反复实验，基于 eCognition 软件的 Update Range 功能，确定了每个特征的隶属度函数或阈值，并建立了最终的模糊分类规则集，如表 2.4 所示。基于分类规则集，分别在尺度参数为 285 和 175 的两级层次上，对植被、水体和阴影、房屋建筑（红色、蓝色、白色屋顶及其他）、交通广场用地及其他用地进行分类提取。

表 2.4 面向对象模糊分类规则集

分割尺度	土地覆盖类型	规则
285	植被	NDVI≥0.15
	水体和阴影	NDWI≥0.2 & Max.dif≥1.15
175	红色屋顶建筑	R>−65
	蓝色屋顶建筑	B>292
	白色屋顶建筑	W≥1620 & 亮度≥290
	其他房屋建筑	BAI≥0.1 & 长/宽≤2
	交通广场用地	主要方向≥160；不对称性>0.8 & 长/宽≥5；900≤面积≤3000 & 密度≤0.9
	其他用地	红波段标准差<52

最后，因水体和阴影无法较好区分，故在分析水域分布空间特征的基础上，采用 ArcGIS 的空间选取功能人工目视进行区分，提取出分布较少的水体，剩余地类全部为阴影区域。同时，对房屋建筑的各个子类型如红色、蓝色、白色和其他进行合并，获得最终的分类结果。

二、面向对象地表分类制图

根据上文构建的城区尺度分类体系、构建的规则集及其阈值选取标准，基于面向对象模糊分类法，提取奥林匹克森林公园土地利用分类结果如图 2.11 所示。由图 2.11 可知，奥林匹克森林公园土地利用分类结果信息基本完整，分类地物边界平滑整齐、图像均质性、异质性均较强，且目视效果较好。其中，分类提取的道路广场用地脉络清晰，房屋及建筑物屋顶形状完整，水体、阴影及绿地边缘较为整齐、对称；其他用地分布较少，对整体效果影响不大。

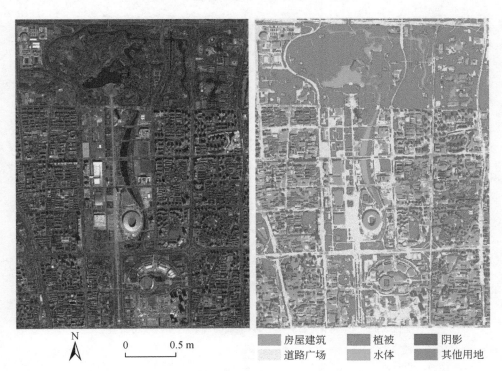

图 2.11　奥林匹克森林公园分类结果图

在此基础上，基于奥林匹克森林公园土地利用分类结果，将房屋建筑、道路广场及阴影合并，作为研究区的不透水面如图2.12（a）所示；同时，为查看其面积比例分布强度，将合并后的不透水面采用30 m×30 m空间格网，制作成单位面积比例数据集，如图2.12（b）所示。由此可以看出，研究区不透水面与绿地分布格局较为明显，以奥林匹克森林公园为主要透水面分布区，南部其他地区绿地比例也分布较高；奥林匹克森林公园南部区域，以中央大道为东西分界线，透水面分布比例逐渐降低。同时，在奥林匹克森林公园周边的住宅及公共区域，不透水面分布比例较非不透水面分布比例较高。

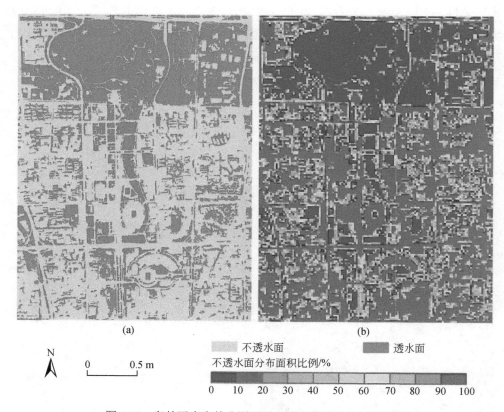

图2.12　奥林匹克森林公园不透水面及其面积比例分布图

三、分类结果精度验证

采用 eCognition 9.1 软件平台提供的混淆矩阵精度评价工具,基于奥林匹克森林公园随机采样点所在地表覆盖目视判读结果,制作分类混淆矩阵评价表如表 2.5 所示。评价结果表明:上述面向对象分类方法在奥林匹克森林公园中的总体精度为 91.45%,Kappa 系数大于 0.8,且各地物分类的用户精度和生产者精度均在 82% 以上,故分类结果能够满足制图要求。其中,分类的用户精度以水体最高,其次为阴影、其他用地和植被,道路广场和房屋建筑较低,而生产者精度,以其他用地最高,植被、道路广场均在 90%以上,房屋建筑、水体次之,阴影最低为 82.28%。

表 2.5　分类结果混淆矩阵精度验证表

类型	房屋建筑	道路广场	植被	水体	阴影	其他用地	用户精度/%
房屋建筑	198	13	9	1	5	0	87.61
道路广场	13	211	10	0	3	0	88.66
植被	9	5	347	1	6	0	94.29
水体	0	0	0	18	0	0	100.00
阴影	3	0	0	0	65	0	95.59
其他用地	0	1	0	0	0	17	94.44
生产者精度/%	88.79	91.74	94.81	85.71	82.28	100.00	

总体精度=91.45%;Kappa 系数=0.8812

第三章 生态海绵城市适应度评价空间分析模型方法

本章主要介绍了生态海绵城市适应度评价的基本原理，设计了生态海绵城市的适应度评价的知识规则，构建了城市雨洪调节和热岛调节优先区识别的模型方法，从而为服务于生态海绵城市的水热调节的地表结构调控模式提供模型方法基础。

第一节 生态海绵城市适应度评价的基本原理

生态海绵城市建设中主要以低影响开发建设和绿色基础设施为关键工程措施，而相关工程措施建设的位置、措施类型的选择、设计方案，以及维护均是海绵城市建设能否发挥作用的关键问题（Muthukrishnan et al.，2004）。例如，低影响开发措施设计的空间位置直接影响地表径流量，从而影响整个规划建设的效益（Agnew et al.，2006；Berry et al.，2003；Qiu，2009）。研究表明，绿色屋顶可减少60%～70%的径流，并可延迟径流峰值的来临时间，降低30%～78%峰值率（Dietz，2007），而透水路面仅产生25%的径流且大大延迟径流时间（Fassman and Blackbourn，2010），生物截流设施可实现26%～52%的径流截留（Chapman and Horner，2010）。

对于城市雨洪调节的适应度评价，SWMM、STORM、MIKE和SUSTAIN等城市雨洪模型被广泛应用在小尺度上，用于识别城市内涝范围和道路排水通道，并提出相应的低影响开发方案（何爽等，2013；陈言菲等，2016；刘昌明等，2016；Song and Chuang，2017）。Li等（2019）模拟对比了海绵城市建设中不同的LID措施的综合效益，发现将生物滞留池（bioretention）和下沉式绿地（sunken green space）组合在一起效益最好。Martin-Mikle等（2015）在流域尺度基于多变量的地形指数，结合低影响开发措施应用的空间尺度、土地利用及河流等因子有效识别低影响开发的优先区，能够有效地调节城市地表径流和非点源污染。刘昌明等（2016）集成地表产汇流、管网汇流和地表汇流等构建了城市雨洪模拟技术并应用在常德市海绵城市规划中。对于城市热岛调节，绿色基础设施主要以城市绿地的布局优化为主，以最大化绿地的降温效益。例如，Norton 等（2015）提出了面向热岛调节的城市绿色基础设施（行道树、公园、绿色屋顶等）布设规划的框架，

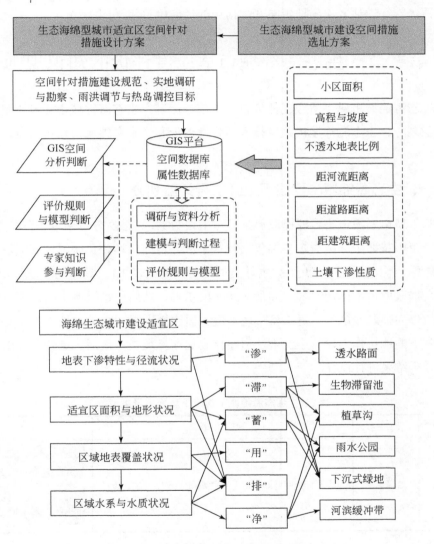

图 3.1 生态海绵城市适应度评价的技术流程图

根据城市街区的特征，利用查找表的方式选择最合适的绿色基础设施类型。Zhang等（2017）集成 GIS、遥感和空间统计方法构建了城市绿地优化的框架，并可权衡白天和夜间热岛调节确定绿地优化方案。由此可见，当前的研究集中在如何开展城市绿色基础设施规划，而评估绿色基础设施对下垫面适应性的研究较少。因此，在生态海绵城市建设中，需要建立有效的适应性评估模型，针对不同的城市地表覆盖特征评估其实施低影响开发措施的适应度等级（图3.1）。

第二节　生态海绵城市适应度评价的知识规则

生态海绵城市建设适应度评价包括三部分内容：生态海绵城市建设下垫面主导类型划分、生态海绵城市建设技术适宜性评价和生态海绵城市建设措施适宜性评价。

一、生态海绵城市建设下垫面主导类型划分

基于城市多级道路数据提取得到城市地块数据，结合高分辨率地表覆盖数据，划分城市下垫面主导类型，主要包括建筑小区、道路广场、公园绿地和河流水体4 个类型，不同类型地块下垫面主导类型说明具体见表3.1。具体处理过程如下：首先，提取城市水体及河滨缓冲带（50m buffer）；然后，将绿地比例大于 50%城市地块作为公园绿地类，再次将其他不透水面比例大于 50%的地块作为道路广场类，剩下的地块作为建筑小区类，道路作为道路广场类；最后，结合高分遥感影像对分类结果进行修订。

表 3.1　生态海绵城市建设下垫面主导类型

编号	类型名称	类型特征	实例图
1	建筑小区	以城市建筑和绿地为主，不透水面比例大于绿地比例	

续表

编号	类型名称	类型特征	实例图
2	道路广场	以城市道路和广场区域为主,其面积占比高于建筑面积比例	
3	公园绿地	城市大型的绿地斑块或公园	
4	河流水体	城市内部水系及其河滨缓冲带	

二、生态海绵城市建设技术适宜性评价

生态海绵城市建设中,低影响开发技术按主要的功能可分为"渗、滞、蓄、净、调、排"6 种类型。通过对各类技术进行组合应用,能够实现城市地表径流总量、峰值和污染控制,以及雨水资源利用,同时也能有效缓解城市热岛强度,但不同措施的效益可能存在一定差异。在对地块进行分类的基础上,根据各地块类型的实现对低影响开发技术类型的空间匹配,并进行空间制图。依据《海绵城市建设技术指南》,不同地块类型对低影响开发措施的适宜性具体见表3.2。

表 3.2　海绵城市低影响开发措施适宜性

技术类型按主要功能	单项措施	用地类型			
		建筑与小区	城市道路	绿地和广场	城市水系
渗	透水砖铺装	●	●	●	◎
	透水水泥混凝土	◎	◎	◎	◎
	透水沥青混凝土	◎	◎	◎	◎

技术类型 按主要功能	单项措施	用地类型			
		建筑与小区	城市道路	绿地和广场	城市水系
渗	绿色屋顶	●	○	○	○
	下沉式绿地	●	●	●	◎
	简易生物滞留措施	●	●	●	◎
	复杂性生物滞留措施	●	●	◎	◎
	渗透塘	●	◎	●	●
	渗井	●	◎	●	●
蓄	湿塘	●	◎	●	●
	雨水湿地	●	●	●	●
	蓄水池	◎	○	◎	○
	雨水罐	●	○	○	○
调	调节塘	●	◎	●	◎
	调节池	◎	◎	◎	○
排	转输型植草沟	●	●	●	◎
	干式植草沟	●	●	●	◎
	湿式植草沟	●	●	●	◎
	渗管或渗渠	●	●	●	○
净	植被缓冲带	●	●	●	●
	初期雨水弃流措施	●	◎	◎	○
	人工土壤渗率	◎	○	◎	◎

注：●为适合（2）；◎为一般适合（1）；○为不适合（0）。

三、生态海绵城市建设措施适宜性评价

由于不同低影响开发技术又包括许多类型的措施，如透水铺装、绿色屋顶、下沉式绿地、生物滞留设施、渗透塘、渗井、湿塘、雨水湿地、蓄水池、雨水罐、调节塘、植草沟、渗管/渠、植被缓冲带、初期雨水弃流设施和人工土壤渗滤等。

　　与此同时，低影响开发中的单项措施一般具有多个功能，如生物滞留设施不仅可以通过渗透补充地下水，还可以削减径流峰值流量、净化雨水，实现径流总量、径流峰值和径流污染控制等多重目标。因此，在低影响开发空间规划中应合理选取相应的措施并进行组合设计。

　　基于城市低影响开发措施建设的难易程度和地块下垫面建设适宜性，构建了海绵生态城市建设适应度指数（techniques suitability index，TSI），

$$TSI = \left(\sum_{i=1}^{n} \frac{a_i}{A} \times \frac{1}{D_i} \right) / n \tag{3.1}$$

$$D_i = \sum_{i=1}^{n} d_i / n \tag{3.2}$$

式中，TSI 为低影响开发建设适应度指数；n 为可应用的低影响开发措施类型总数；a_i 为第 i 类低影响开发措施适宜建设的面积；A 为优先建设区域的面积；d_i 为第 i 类低影响开发措施建设的难易程度。不同低影响开发措施建设的下垫面条件及建设难易程度见表 3.3 和表 3.4。

表 3.3　海绵城市低影响开发措施建设下垫面适应性（Jia et al.，2013）

LID措施	屋顶绿化	透水铺装	植草沟	湿塘	干塘	雨水罐	入渗池	入渗沟	人工湿地	砂滤系统	生物滞留池	植被过滤带
ST	A-D	A-B	A-D	A-D	A-D	—	A-B	A-B	B-D	A-D	A-D	A-D
slope	<4	<1	0.5~5	<10	<10	—	<15	<15	4-15	<10	<15	<5
DA	—	<1.2	<2	>6	>4	—	1-4	<2	>10	<40	<1	—
WD	—	>0.6	>0.60	>1.5	>1.5	—	>3	>3	>1.5	>0.6	>0.6	>0.6
ISA	>0	>0	>0	>0	>0	—	>0	>0	>0	0-50	>0	>0
DW	—	—	—	>30	>30	—	—	>30	>30	>30	>30	—
DR	—	—	<30	—	—	—	—	—	—	—	<30	<30
DB	平屋顶	—	—	—	—	<10	>3	>3	—	—	>3	—

　　注：ST 为土壤质地类型；slope 为地形坡度（%）；DA 为汇流区面积（hm²）；WD 为地下水深度（m）；ISA 为不透水面（%）；DW 为距河流距离（m）；DB 为距建筑距离（m）；DR 为距道路距离（m）。

表 3.4　海绵城市低影响开发措施建设难易程度等级（Jia et al.，2013）

LID 措施	屋顶绿化	透水铺装	植草沟	湿塘	干塘	雨水罐	入渗池	入渗沟	人工湿地	砂滤系统	生物滞留池	植被缓冲带
建设	3	2	5	3	4	4	4	4	1	1	2	5
运行	5	4	2	2	5	4	3	3	1	1	2	5
维护	4	3	3	2	5	5	2	2	2	1	2	5
难易程度	4	3	10/3	7/3	14/3	13/3	3	3	4/3	1	2	5

注：本书对不同低影响开发措施的成本进行分级并打分，用以表示该类措施建设的难易程度，即低（1）、中-低（2）、中（3）、中-高（4）、高（5）。难易程度指建设、运行和维护三者之和的平均值。

第三节　生态海绵城市雨洪调节优先区识别方法

城市化进程中不透水面比例增加，城市植被、裸土等比例下降，导致城市地区雨水截留和入渗能力下降，加剧了城市暴雨内涝风险。因此，城市地表产流模拟与风险分析对于城市雨洪调节优先区识别尤为重要。本书采用 SCS-CN 模型模拟不同降水情景下的地表产流状况，并将城市划分为不同等级的降水产流风险区，进行后续分析。

一、基于 SCS-CN 模型的城市地表产流模拟

SCS-CN（curve number）模型已经在区域产流计算和模拟研究中得到广泛的应用，也被集成至不同的水文模型中，如 SWAT、SWMM 和 L-THIA 等（USDA Soil Conservation Service，1972；Yao et al.，2018）。因此，本书利用该模型分析不同降水情景下北京城区的地表产流状况，具体计算方法如下：

$$Q = \begin{cases} \dfrac{(P - I_a)^2}{P - I_a + S} & (P \geqslant I_a) \\ Q = 0 & (P < I_a) \end{cases} \tag{3.3}$$

$$S = \frac{25400}{CN} - 254 \tag{3.4}$$

$$I_a = \lambda \times S \tag{3.5}$$

式中，Q 为地表产流（mm）；P 为降水量（mm）；S 为潜在最大保留率（mm）；CN 为表征土壤下渗能力的参数，取值范围是 0～100；I_a 为降水的初始下渗量；λ 为土壤的下渗吸收，一般取值为 0.2。

CN 是该模型输入的关键参数，计算方法参考 Fan 等（2013）利用城市地表覆盖比例和不同地表覆盖类型的 CN 值进行计算，具体公式如下：

$$CN = a_{isa} \times CN_{isa} + a_{veg} \times CN_{veg} + a_{soil} \times CN_{soil} \tag{3.6}$$

式中，a_{isa}，a_{veg} 和 a_{soil} 分别为不透水面、植被和裸土在像元内的百分比；CN，CN_{isa}，CN_{veg}，CN_{soil} 分别为计算得到的综合 CN 值及不透水面、植被和土壤的 CN 值。此外，在本书中地表产流模拟情景设置为中等土壤湿度情景下（AMC-II），不透水面、植被和裸土的初始 CN 值分别为 98 和 91，植被的初始 CN 值的计算方法参考 Fan 等（2013）和 Cronshey（1986）。

利用北京市的暴雨公式，计算 1 年、5 年、10 年、25 年、50 年和 100 年一遇的降水重现期下 120 min 内的降水，分别为 39.7 mm、55.2 mm、62.4 mm、72.1 mm、84.9 mm、94.7 mm 和 104.4 mm，输入 SCS-CN 模型计算城市地表产流。

基于 SCS-CN 模型计算得到地表产流，并统计北京城区不同降水重现期下的地表产流系数。根据《室外排水设计规范》，当市区地块综合径流系数超过 0.7，需要采取必要的渗透与调蓄措施（Yao et al.，2018）。因此，将城市区域划分为不同的产流风险等级，利用 ArcGIS 区域统计工具统计北京城区内部各个区不同风险等级的面积。基于径流系数划分的产流风险等级见表 3.5。

表 3.5　产流风险等级划分

产流风险等级	低产流风险区	中低产流风险区	中产流风险区	中高产流风险区	高产流风险区
径流系数范围	$\alpha < 0.35$	$0.35 \leqslant \alpha < 0.5$	$0.5 \leqslant \alpha < 0.6$	$0.6 \leqslant \alpha < 0.7$	$\alpha \geqslant 0.7$

二、城市雨洪调节优先区识别

快速的城市不透水面扩张导致城市地表径流增加，加重城市雨洪风险；城市内部低洼区和城市立交桥是城市内涝积水最为严重的区域。本书从三个方面分别识别城市雨洪调节优先区，并进行集成，总体流程见图3.2。

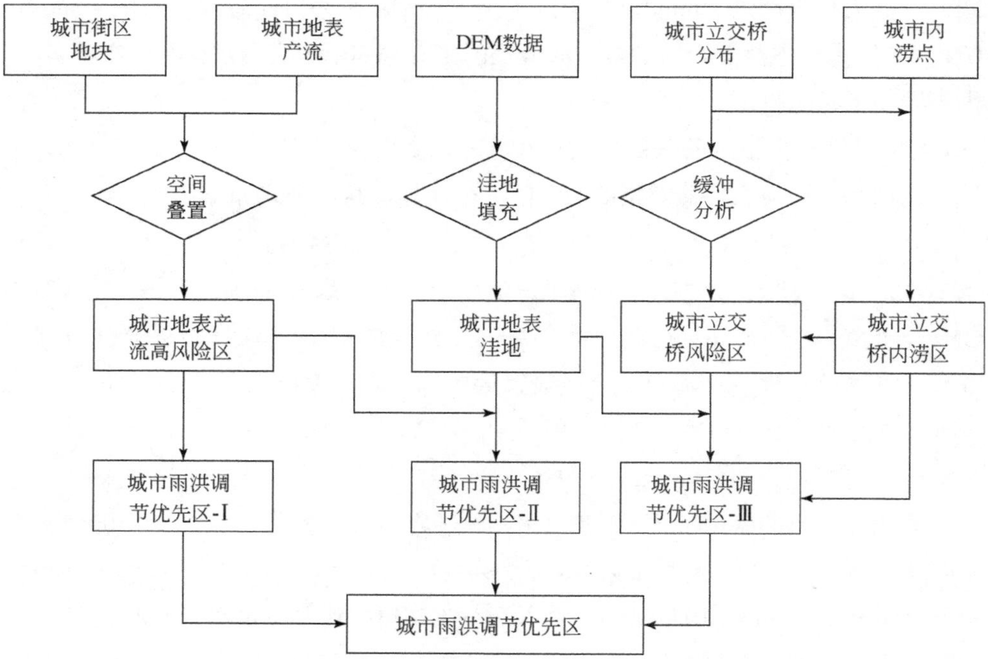

图3.2 城市雨洪调节优先区识别技术路线

（1）城市地表产流高风险区识别

基于城市街区地块数据，利用分区统计计算得到各个地块的综合径流系数，利用自然断点法按径流系数属性将城市地块划分为 5 个等级，分别表征地块地表产流调节的优先等级，将最高优先等级的地块筛选出来，作为城市地表产流调节高风险区。

（2）城市地形低洼风险区识别

基于城市高精度 DEM 数据，采用"洼地填充法"识别城市地形低洼区。首先利用 ArcGIS 中水文分析中的 Fill 工具实现洼地填平，然后计算填洼后的 DEM 和未进行填洼的 DEM 的高程差，然后利用阈值分割方法提取得到洼地。

基于上述得到的洼地，利用缓冲区分析构建 100 m 的缓冲区，并与步骤（1）中提取的地表产流高风险区叠加。若洼地分布在地表产流高风险区 100 m 范围内，则将该处洼地定义为城市雨洪调节优先区。

（3）城市立交桥风险区识别

首先利用缓冲区分析构建立交桥 100 m 的缓冲区，与步骤（1）中获取的地表产流高风险区和步骤（2）中获得的洼地进行叠加，城市立交桥分布在城市低洼区和产流高风险区邻近区域，将该立交桥所在的地块作为雨洪调节优先区；若立交桥发生过城市内涝灾害但不满足上述条件，也将其所在的地块划分为雨洪调节优先区。

将步骤（1）、（2）和（3）中获取得到的部分雨洪调节优先区合并，形成最终的雨洪调节优先区。

第四节 生态海绵城市热岛调控优先区识别方法

城市热岛调控优先区识别利用热环境因子（显热比）、脆弱性因子（人口状况）、地表覆盖因子（地表覆盖状况）进行空间叠置分析，在此基础上，与城市街区地块叠加形成城市热岛调节优先区。

一、城市热岛调节优先区因子计算

热环境因子（RF），利用地表显热比表征城市风险因子指标。显热比指地表显热通量与可利用能量（显热通量和潜热通量之和）的比值，显热比的值域范围为 0～1，显热比能够有效表征城市地表热环境状况：

$$SHR = H / (H + LE) \tag{3.7}$$

$$RH = (SHR - SHR_{min}) / (SHR_{max} - SHR_{min}) \tag{3.8}$$

脆弱性因子（VF），城市人口密度能够表征城市热环境脆弱性的程度，而老年人口和儿童对于热环境更加敏感（Larondelle and Lauf, 2016）。因此，通过计算城市人口、老年人口和儿童人口比例来表征城市脆弱性因子指标，参考 Dong 等（2014）的研究，对三个人口比例进行等权重叠加，获取脆弱性因子：

$$\begin{cases} PD_{nor} = (PD - PD_{min}) / (PD_{max} - PD_{min}) \\ OD_{nor} = (OD - OD_{min}) / (OD_{max} - OD_{min}) \\ CD_{nor} = (CD - CD_{min}) / (CD_{max} - PD_{min}) \end{cases} \tag{3.9}$$

$$VF=（PD_{nor}+OD_{nor}+CD_{nor}）/3 \quad\quad （3.10）$$

式中，VF 为脆弱性因子；PD、OD 和 CD 分别为城市人口、老年人口和儿童人口密度；PD_{nor}、OD_{nor} 和 CD_{nor} 分别为城市人口密度、老年人口密度和儿童人口密度的归一化后的数值。

地表覆盖因子（LCF），利用城市不透水面比例、植被覆盖比例、水域比例和裸土比例加权计算得到环境因子指标：

$$E=\alpha×ISA+\beta×Veg+\gamma×Water+\delta×Soil \quad\quad （3.11）$$

$$LCF=（E-E_{min}）/（E_{max}-E_{min}） \quad\quad （3.12）$$

式中，LCF 为地表覆盖因子；E 为城市环境因子；ISA、Veg、Water 和 Soil 分别为不透水面、植被、水域和裸土组分信息；α、β、γ 和 δ 分别为不透水面、植被、水域和裸土的权重，具体数据由对应地表覆盖类型的地表温度计算得到（Dong et al.，2014）。本书中四个系数分别选择为 0.9792、0.4407、0 和 1.0。

二、城市热岛调节优先区识别

基于上述步骤计算得到热环境因子、地表覆盖因子和脆弱性因子；然后，利用自然断点法将 3 个因子分别划分为 5 个级别，将热环境因子、地表覆盖因子和脆弱性因子最高等级的区域作为像元尺度的城市热岛调节优先区，包括热环境因子优先区（HF_p）、地表覆盖因子优先区（LCF_p）和脆弱性因子优先区（VF_p）；利用 ArcGIS10.3 软件和式（3.13）对热环境因子优先区、地表覆盖因子优先区和脆弱性因子优先区进行空间叠置，得到像元尺度的热岛调节优先区（$Heat_{pixel}$），总体流程见图 3.3。

$$Heat_{pixel}=HF_p \cap LCF_p \cap VF_p \quad\quad （3.13）$$

基于上述方法得到像元尺度的热岛调节优先区，然后利用像元尺度的热岛调节优先区与城市街区地块数据叠置分析，将包含像元尺度的热岛调节优先区的街区地块作为热岛调节优先区（$Heat_{parcel}$）。

$$Heat_{parcel} = \begin{cases} 0, & Num_{Heatpixel} \leqslant 10 \\ 1, & Num_{Heatpixel} > 10 \end{cases} \quad\quad （3.14）$$

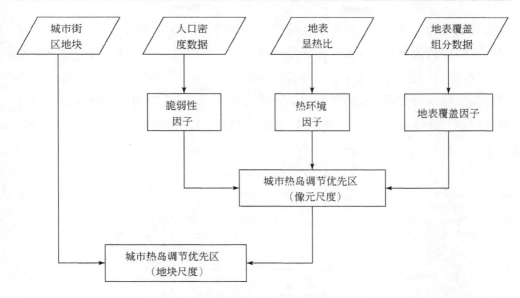

图 3.3 城市热岛调节优先区识别技术路线

第五节 生态海绵城市适应度评价模型系统

基于多源空间数据，建立一种生态海绵型城市建设适宜区目标精准识别和功效测算系统及方法。该模型系统包括四个模块：空间数据采集模块、适宜区空间识别模块、指标控制和措施设计模块及建设功效测算模块。四个模块之间的关系见图3.4。

对于空间数据采集模块，主要是获取和处理城市区域的遥感数据和基础地理数据，利用空间分析和遥感图像处理软件计算适宜区空间识别评价因子数据（城市不透水面比例、地表径流系数、地表显热比和地表相对高程）；对于适宜区空间识别模块，基于适宜区空间识别评价因子数据及其对生态海绵型城市建设的适宜等级，获取分级的适宜区评价因子数据，利用空间叠加分析方法评价生态海绵城市建设适宜等级，并划分雨洪调节适宜区和热岛调控适宜区；对于指标控制和措施设计模块，根据城市规划总体规划设计目标，计算市域、建成区、功能区和高适宜区雨洪调节和热岛调控情景下不透水面、绿地的调节比例；根据所述的生态海绵城市建设适宜区评价结果，依据城市地表下垫面类型特征，利用空间叠加分析设计雨洪调节适宜区和热岛调控适宜区的地表空间优化措施；对于建设功效测算模块，根据所述的雨洪调节适宜区和热岛调控适宜区地表空间优化措施，计算空间优化区域对地表径流的削减量和降温效益，评估生态海绵型城市建设的城市雨洪调节和热岛调控功效，得到生态海绵型城市建设雨洪调节和热岛调控功效。

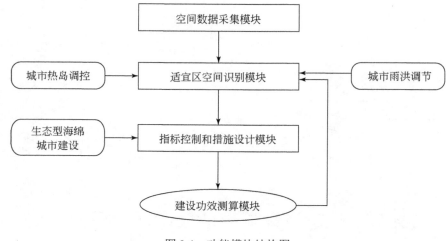

图 3.4　功能模块结构图

（一）空间数据采集模块

空间数据采集模块中包括遥感数据和基础地理数据的采集和预处理，总体流程见图 3.5。其中，遥感数据包括 Landsat OLI 遥感影像数据、MODIS 遥感影像数据，基础地理数据包括 DEM、土壤类型、城市功能区划、河流、道路和气象；适宜区空间识别评价因子计算包括城市不透水面比例提取、地表径流系数计算、地表显热比反演和地表相对高程数据（图 3.5）。

城市不透水面比例提取，基于 Landsat OLI 遥感影像，在 ENVI 遥感图像处理软件中利用混合像元分解方法得到不透水面比例、绿地比例、水域比例和裸土比例数据，具体计算方法如下：

$$UL_i = (f_{isa} + f_{veg} + f_{water} + f_{soil}) \times UL_i \qquad (3.15)$$

式中，UL_i 为像元 i 的面积大小；f_{isa}、f_{veg}、f_{water}、f_{soil} 分别为像元 i 内的不透水面、

绿地、水域和裸土的比例。

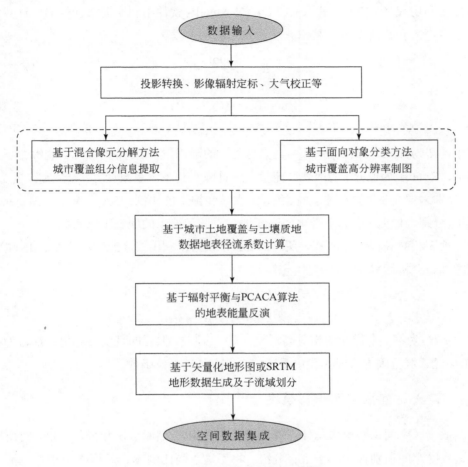

图 3.5　空间数据采集与处理模块

城市地表显热比数据反演，基于所述的 Landsat OLI 遥感影像、MODIS 遥感影像和气象数据，利用定量遥感模型反演地表显热和潜热通量，并利用式（3.16）计算地表显热比数据，具体计算方法如下：

$$SHR_i = \frac{FH_i}{FH_i + FLE_i} \tag{3.16}$$

式中，SHR_i 为像元 i 的显热比；FH_i 为像元 i 的显热通量；FLE_i 为像元 i 的潜热通量。

城市地表径流系数计算，基于所述的城市不透水面、绿地、水域和裸土比例数据，利用式（3.17）～式（3.19），在 ArcGIS 软件中利用栅格计算器，计算得到地表产流和径流系数，具体方法如下：

$$R_i = \frac{\text{Runoff}_i}{P_i} \qquad (3.17)$$

$$\text{Runoff}_i = f(\text{CCN}_i, P_i) \qquad (3.18)$$

$$\text{CCN}_i = (f_{\text{isa}} \times \text{ISA}_{\text{cn}} + f_{\text{veg}} \times \text{Veg}_{\text{cn}} + f_{\text{water}} \times \text{Water}_{\text{cn}} + f_{\text{soil}} \times \text{Soil}_{\text{cn}}) \qquad (3.19)$$

式中，R_i 为像元 i 的径流系数；P_i 为像元 i 的降水量；CCN_i 为像元 i 的综合下渗系数；Runoff_i 为像元 i 的地表产流量，通过降水与下渗系数计算；f_{isa}，f_{veg}，f_{water}，f_{soil} 分别为像元 i 内的不透水面、绿地、水域和裸土的比例；ISA_{cn}，Veg_{cn}，Water_{cn}，Soil_{cn} 分别为像元 i 内的不透水面、绿地、水域和裸土的地表下渗系数。

地表相对高程计算，基于所述的 DEM 数据，利用式（3.20）在 ArcGIS 中的空间邻域分析运算得到，具体计算方法如下，

$$\begin{aligned} H_{ri} &= H_i - H_{\min} \\ H_{\min} &= \min(H_1, H_2, \text{L}, H_{81}) \end{aligned} \qquad (3.20)$$

式中，H_{ri} 为第 i 个像元的相对高程值；H_i 为第 i 个像元的真实高程值；$H_{\min}$ 为第 i 个像元邻域范围内像元高程的最小值，min 取最小值函数。

（二）适宜区空间识别模块

适宜区空间识别模块总体流程见图 3.6。利用自然断点法和分位数法，对所述的适宜区空间识别评价因子进行分级，将不透水面比例 M、显热比 SHR、径流系数 R、相对高程 H 划分为 5 个等级，生成所述的分级的适宜区评价因子数据，具体计算方法如下：

$$\begin{cases} M_i = \{M_1, M_2, M_3, M_4, M_5\} \\ \text{SHR}_i = \{\text{SHR}_1, \text{SHR}_2, \text{SHR}_3, \text{SHR}_4, \text{SHR}_5\} \\ R_i = \{R_1, R_2, R_3, R_4, R_5\} \\ H_i = \{H_1, H_2, H_3, H_4, H_5\} \end{cases} \qquad (3.21)$$

式中，M_i、SHR_i、R_i 和 H_i 分别为第 i 个不透水地表比例、显热比、径流系数和高程适宜性等级，i 的取值为\{1，2，3，4，5\}。

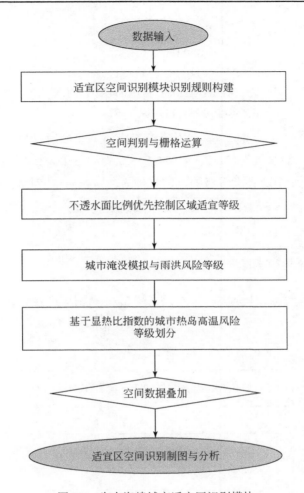

图 3.6　生态海绵城市适宜区识别模块

　　生态海绵型城市建设适宜等级评价，根据所述分级的适宜区评价因子数据，利用 GIS 空间分析工具进行栅格叠加运算，计算出不同区域生态海绵型城市建设的适宜性等级，得到生态海绵型城市建设适宜区空间数据，并利用栅格计算将显热比的较高和高适宜等级，以及径流系数的较高和高适宜等级提取出来，分别作为热岛调控适宜区和雨洪调节适宜区，作为指标控制和措施设计模块的输入数据，适宜性等级和适宜区识别具体计算如下：

$$SI_i = Int\left[\frac{J+1}{\max(i)} \times i\right]$$

$$J = M_i \text{ I } SHR_i \text{ I } R_i \text{ I } H_i, \quad (i=1,L,5) \qquad (3.22)$$

$$HR = (SHR_4 \text{ I } SI_5) \text{ U } (SHR_5 \text{ I } SI_5)$$

$$FR = (R_4 \text{ I } SI_4) \text{ U } (R_5 \text{ I } SI_5)$$

式中，Int 为取整函数；max 为取最大值函数；SI_i 为生态海绵型城市建设第 i 个适宜性等级区域，i 的取值为{1，2，3，4，5}；J 为满足第 i 个适宜性等级的评价因子数目；M_i 为第 i 个适宜性等级的不透水地表比例；SHR_i 为第 i 个适宜性等级显热比；R_i 为第 i 个适宜性等级地表径流系数；H_i 为第 i 个适宜性等级相对高程；HR 为热岛调控适宜区；FR 为雨洪调节适宜区。

（三）指标控制和措施设计模块

指标控制和措施设计模块总体流程见图 3.7。根据城市规划设计目标，参考城

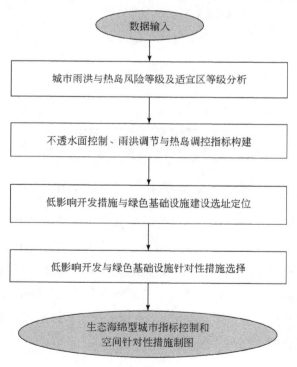

图 3.7　生态海绵城市空间选址模块

市总体规划、海绵城市规划和城市用地特征，确定市域、建成区、功能区、雨洪调节和热岛调控适宜区地表径流控制总量和热岛调控指标，计算不同尺度下城市不透水面和绿地的控制比例。

其中，市域、建成区、功能区和雨洪调节适宜区不透水面和绿地调节比例，计算方式如下，依据规划设计的地表径流总量控制率，利用式（3.23）计算当前区域径流总量控制率和与设计目标的差距，并估计需要控制的不透水面和绿地面积比例：

$$\begin{cases} \mathrm{TR}_0 = Q_{\mathrm{isa}} + Q_{\mathrm{veg}} + Q_{\mathrm{other}} \\ \mathrm{TR}_1 = Q'_{\mathrm{isa}} + Q'_{\mathrm{veg}} + Q'_{\mathrm{other}} \\ \mathrm{TR} = \mathrm{TR}_1 - \mathrm{TR}_0 \\ \mathrm{TR} = (\overline{Q}_{\mathrm{veg}} - \overline{Q}_{\mathrm{isa}}) \times S \\ \mathrm{ISA}_{\mathrm{m}} = S / S_{\mathrm{isa}} \times 100\% \\ \mathrm{Veg}_{\mathrm{m}} = S / S_{\mathrm{veg}} \times 100\% \end{cases} \tag{3.23}$$

式中，TR_0 为区域当前径流总量；Q_{isa}、Q_{veg} 和 Q_{other} 分别为当前区域不透水面、绿地和其他地表覆盖类型的径流量；TR_1 为区域规划设计径流总量；Q'_{isa}、Q'_{veg} 和 Q'_{other} 分别为规划设计情景下不透水面、绿地和其他地表覆盖类型的径流量；$\overline{Q}_{\mathrm{veg}}$ 为当前绿地区域的平均径流量；$\overline{Q}_{\mathrm{isa}}$ 为不透水面的平均径流量；S 为不透水面和绿地需要优化的面积；$\mathrm{ISA}_{\mathrm{m}}$ 和 $\mathrm{Veg}_{\mathrm{m}}$ 为不透水面和绿地的调节比例。

市域、建成区、功能区和热岛调控适宜区不透水面和绿地调节比例计算，计算方式如下，利用式（3.24）计算当前区域平均地表温度与热舒适度较高情景下地表温度的差异，并计算区域需要调节的不透水面和绿地面积比例：

$$\begin{cases} \overline{\mathrm{Temp}} = (\sum_{i=1}^{m} \mathrm{Temp}_{\mathrm{isa}} + \sum_{j=1}^{n} \mathrm{Temp}_{\mathrm{veg}} + \sum_{k=1}^{o} \mathrm{Temp}_{\mathrm{water}} + \sum_{l=1}^{s} \mathrm{Temp}_{\mathrm{other}}) / (m + n + o + s) \\ \overline{\mathrm{Temp}'} = (\sum_{i=1}^{m'} \mathrm{Temp}_{\mathrm{isa}} + \sum_{j=1}^{n'} \mathrm{Temp}_{\mathrm{veg}} + \sum_{k=1}^{o} \mathrm{Temp}_{\mathrm{water}} + \sum_{l=1}^{s} \mathrm{Temp}_{\mathrm{other}}) / (m' + n' + o + s) \\ A\mathrm{Temp} = \overline{\mathrm{Temp}'} - \overline{\mathrm{Temp}} \\ \mathrm{Temp} = [\mathrm{Temp}_{\mathrm{isa}} - \mathrm{Temp}_{\mathrm{veg}}] \times P \\ \mathrm{ISA}_{m} = P / m \times 100\% \\ \mathrm{Veg}_{n} = P / n \times 100\% \end{cases}$$

$$\tag{3.24}$$

式中，$\overline{\text{Temp}}$ 为当前区域的平均地表温度；Temp' 为区域地表覆盖空间优化后的平均地表温度；ΔTemp 为需要调节的区域的地表温度之差；P 为优化的不透水面和绿地的像元数目；Temp_{isa}，Temp_{veg}，Temp_{water} 和 Temp_{other} 分别为不透水面、绿地、水域和其他地表覆盖类型的平均地表温度；m，n，o 和 s 分别为地表覆盖空间优化前不透水面、绿地、水域和其他地表覆盖类型的像元总数；m' 和 n' 分别为地表覆盖优化后不透水面和绿地的像元总数；ISA_m 和 Veg_n 分别为相对应的不透水面和绿地的面积比例；城市地表下垫面特征包括：与道路、河流和建筑的距离、土壤类型、下垫面类型、坡度和高程等。设计雨洪调节适宜区和热岛调控适宜区的地表空间优化措施，根据所述的城市下垫面类型特征和不同空间优化措施的建设条件，利用 GIS 空间分析，识别空间优化措施布设的位置，得到生态海绵型城市适宜区空间优化措施制图，作为生态海绵型城市建设功效测算模块的输入数据。

（四）建设功效测算模块

建设功效测算模块总体流程见图 3.8。计算空间优化区域对地表径流的削减量和评估城市雨洪调节功效，根据所述的生态海绵型城市雨洪调节适宜区空间优化措施制图，计算雨洪调节适宜区不透水面和绿地面积，利用水文模型计算生态海绵型城市建设适宜区空间优化措施实施后地表径流总量的控制率，并计算空间优化措施实施后地表径流总量控制率的提升比率，用于表征城市雨洪调节的建设功效，测算方法如下：

$$
\begin{cases}
\text{TR}_m = Q_{isa} + Q_{veg} + Q_{other} \\
\text{TR}_c = (\text{TR}_0 - \text{TR}_m)/\text{TR}_0 \times 100\%
\end{cases}
\tag{3.25}
$$

式中，TR_m 为雨洪调节适宜区空间优化措施实施后区域的地表径流总量；TR_0 为雨洪调节适宜区空间优化措施实施前区域的地表径流总量；TR_c 为空间优化措施实施后地表径流总量控制率的提升比率。

计算空间优化区域的降温效益和评估城市热岛调控功效，根据所述的生态海绵型城市热岛调控适宜区空间优化措施制图，计算热岛调控适宜区不透水面和绿地面积，以及生态海绵型城市建设适宜区空间优化措施实施后平均地表温度，并计算空间优化措施实施后平均地表温度的下降比率，用于表征城市热岛调控的建设功效，测算方法如下：

$$\begin{cases} \overline{\mathrm{Temp}''} = (\sum_{i=1}^{m''} \mathrm{Temp}_{\mathrm{isa}} + \sum_{j=1}^{n''} \mathrm{Temp}_{\mathrm{veg}} + \sum_{k=1}^{o} \mathrm{Temp}_{\mathrm{water}} + \sum_{l=1}^{s} \mathrm{Temp}_{\mathrm{other}})/(m'' + n'' + o + s) \\ \mathrm{Temp}_c = (\overline{\mathrm{Temp}} - \overline{\mathrm{Temp}''})/\overline{\mathrm{Temp}} \times 100\% \end{cases}$$

（3.26）

式中，$\overline{\mathrm{Temp}''}$ 为热岛调控适宜区空间优化措施实施后的区域平均地表温度；$\overline{\mathrm{Temp}}$ 为热岛调控适宜区空间优化措施实施前的区域平均地表温度；m''，n''，o 和 s 分别为地表覆盖优化后不透水面、绿地、水域和其他地表覆盖类型的像元总数；Temp_c 为空间优化措施实施后区域平均地表温度的下降比率。

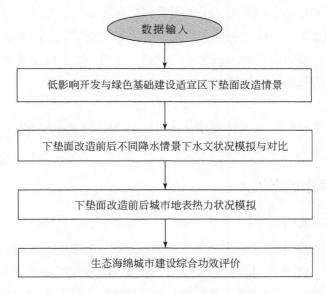

图 3.8　生态海绵城市建设成效评价模块

第四章 北京城市等级尺度土地利用/覆盖变化特征

本章基于北京市土地利用和土地覆盖数据与社会经济数据，分析了北京市城市化进程和城市扩展的时空特征、城乡梯度自然生态用地与城乡建设开发特征，并揭示了北京扩展过程对地表透水性的影响，从而为生态海绵城市水热调节及下垫面调控提供依据。

第一节 北京城市化基本概况与特征

一、北京市城市化进程

北京是全国的政治中心、文化中心、国际交流中心和科技创新中心，拥有 3000 余年建城史和 800 余年建都史。市域地理位置为 115°25′~117°30′E 和 39°26′~41°03′N，位于华北平原北部，背靠燕山，毗邻天津市和河北省，气候为温带半湿润大陆性季风气候。2018 年，北京市城市常住人口 2154.2 万人，城镇化率为 86.5%，GDP 为 3.03 万亿元，城市土地面积为 2021.80 km²。

1949~2018 年，北京市城镇人口从 178.7 万人上升到 1863.4 万人，城镇化率由 39.25%增长到 86.5%。70 年来，北京市城镇人口总体呈现稳步上升的趋势，城镇化率呈波动上升趋势。尤其是 1978 年以来，城镇人口增长速率逐渐加快。2010 年以后，受北京人口政策影响，城镇人口增长速度渐缓。其中，21 世纪初我国经历了快速的城镇化进程，2000~2010 年也是北京城镇人口增长最快的阶段，城镇人口年均增长 61.39 万人（图 4.1）。

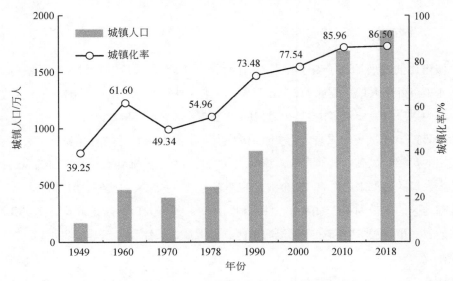

图 4.1　北京市 1949～2018 年城镇人口和城镇化率变化

1949～2018 年，北京市 GDP 从 2.77 亿元上升到 30320 亿元。GDP 增长速度呈现逐渐加快的趋势，增长速度从 1949～1960 年年均增长 4.97 亿元增加到 2010～2018 年的年均增长 2067.76 亿元，呈"指数型"增长趋势（图 4.2）。

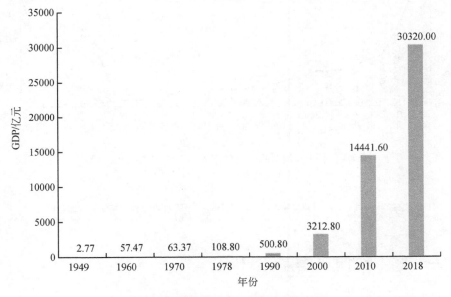

图 4.2　北京市 1949～2018 年 GDP 变化

二、城市化人口流动特征

城市化的发展加速了城市外来人口的增长，吸纳了大量的农村人口进城。2015年，北京市外来人口总数为 1165.16 万人。其中，外省人口占比达到 65.96%；外省外来人口中以农村人口最多，占外来人口的 49.53%；城市人口和乡镇人口分别占 25.44% 和 25.03%。从不同省份来看，受空间距离的影响，距北京较近的河北和河南对北京外来人口的贡献明显高于其他省份，流向北京的人口约占全部外省外来人口的 36.33%。从外来人口的类型来看，有 12 个省份的外来人口中乡村人口比例达到 50% 以上，以中西部地区的省份为主，如河南、甘肃和四川等。外来人口中以城市人口和乡镇人口为主的省（市）大多分布在东部沿海地区，如上海、天津和广东等（图 4.3）。

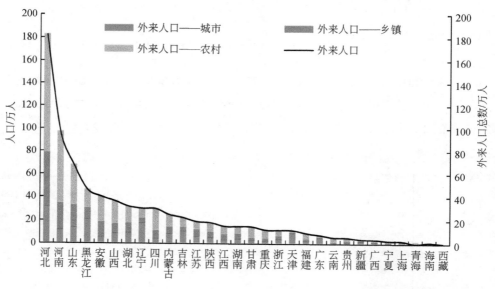

图 4.3   不同省份对北京市外来人口贡献率及流入人口数

第二节   北京市土地利用时空变化分析

一、北京土地利用/覆盖现状特征

基于 2015 年北京市 1∶10 万土地利用数据，包括耕地、林地、草地、水域、建设用地及未利用地，统计分析各个行政区内不同土地利用类型特征[图4.4（a）]。结果表明，北京市林地面积最多，达到 7326.24 km²，主要分布在北京西部和北部地区；耕地面积为 3960.54 km²，主要分布在建成区南部、东部，以及延庆的平原地区；草地面积为 1117.69 km²，主要分布在怀柔北部以及密云东北部地区；水域面积仅有 346.12 km²；建设用地面积为 3665.25 km²（图4.4）。

从各个行政区来看，怀柔区、延庆区、密云区、房山区及门头沟区的林地面积较多，分别为 1459.00 km²、1227.84 km²、1195.27 km²、1024.78 km² 和 1206.03 km²，林地为这些区域的主导土地利用类型。大兴区、顺义区和通州区的耕地面积最多，分别为 618.77 km²、554.69 km² 和 499.56 km²，耕地比例超过各自行政区面积的50%。密云区、怀柔区和延庆区的草地面积最多，分别为 311.85 km²、276.57 km² 和 174.36 km²。由于密云水库的存在，密云区的水域面积最多，为 127.51 km²[图4.4（b）]。北京市外围的房山、门头沟、昌平、平谷、密云、怀柔和延庆以生态用地（林地和草地）为主，所占比例超过一半。建成区内的东城、西城、丰台、海淀、朝阳和石景山以建设用地为主，建设用地比例均超过各自行政区面积的73%[图4.4（a）]。

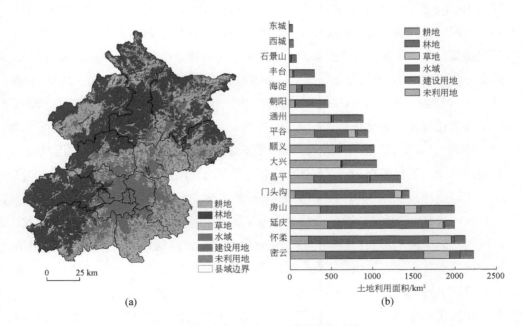

图4.4 北京市 2015 年土地利用分布及统计

城市建设用地集中分布在东城区、西城区、海淀区、朝阳区、丰台区和石景山区 6 个主城区，尤其东城区和西城区几乎完全是由城市不透水面、城市绿地和水域构成，而且城市不透水面的比例极高，所占面积分别为 36.40 km² 和 46.47 km²，达到了区域面积的 87.25% 和 94.76%。其他各区的城市不透水面比例也都达到了 45% 以上。在 6 个主城区中，耕地主要分布于海淀区、朝阳区和丰台区，农村居民点散落在各区内，基本与耕地的分布状况相似。水域和绿地在朝阳区和海淀区分布较多，主要是由于颐和园、圆明园和香山等著名旅游景点位于海淀区，位于朝阳区的奥林匹克森林公园也使得区域内的城市绿地和水域分布较多；草地和独立工矿用地在 6 个主城区中分布较少，其中，独立工矿用地主要是位于顺义区的飞机场，还有其他一些独立工矿用地零散分布于各郊区。

二、1990～2015 年北京土地利用/覆盖现状变化特征

土地利用/覆被变化（land use/cover change，LUCC）是人类行为及生产活动影响地表下垫面变化最直接的表征，我国快速的社会经济发展与转型必然会对土地利用/覆盖变化产生重要的影响。北京市作为中国首都城市，是人口和产业高度集聚的政治、经济、交通和文化中心，在人类活动作用的影响下其土地利用/覆盖时空格局发生了显著变化（图 4.5）。基于遥感监测数据获取 1990～2015 年北京市的土地利用/覆盖现状及变化数据，以每 5 年为一个时间节点将 1990～2015 年划分为 5 个阶段，通过 ArcGIS 空间统计分析，分析其时空格局和变化特征，深入揭示其演化规律及驱动机制（图 4.5）。

1990～2015 年，北京市建设用地大面积扩展，耕地和草地面积大幅度减少，其他用地类型变化较小，不同阶段不同用地类型的变化存在一定差异。1990～2015 年，建设用地面积从 1990 年的 1470.9 km² 增加到 2015 年的 3656.4 km²，增加了 2185.5 km²，年平均扩展速度达到 87.4 km²，城市扩展模式呈显著的圈层外延模式，市区周边辖区新的增长极快速发展，通过轨迹追踪（转移矩阵）分析可知建设用地扩展的主要来源为耕地，其次为草地。耕地面积从 1990 年的 5852.2 km² 减少到 2015 年的 3954.3 km²，减少了 1897.8 km²，年平均减少速度为 75.9 km²，减少去向主要转化为建设用地，其次为草地、水域。林地和水域在 1990～1995 年有所增加，分别增加了 119.8 km² 和 113.9 km²，其他阶段均有不同程度的减少；草地在

1990～1995 年和 2005～2010 年两个阶段减少面积较大，其他阶段变化较少；未利用地几乎没有变化。

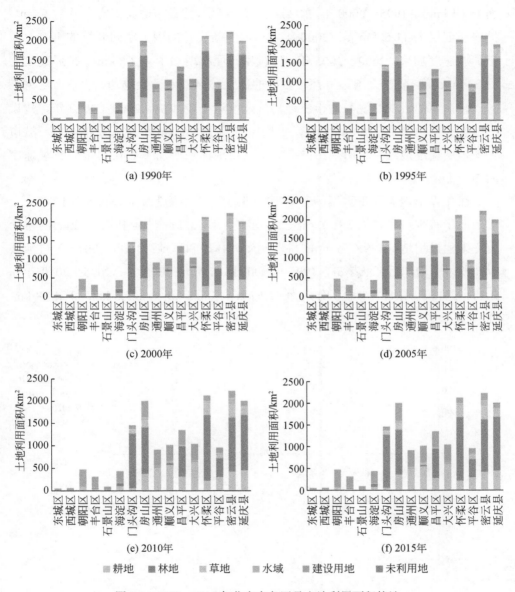

图 4.5　1990～2015 年北京市各区县土地利用面积统计

从不同阶段来看，受改革开放和超大城市率先发展战略的影响，1990～1995年，北京市呈圈层式向外快速扩展，建设用地扩展面积达到 720.5 km^2，扩展速度为 144.1 km^2/a；1995～2000 年，扩展速度有所减缓，建设用地面积增加了 57.5 km^2，扩展速度仅为 11.5 km^2/a。2000 年以后，受新一轮的国土空间开发的影响，城市扩展速度加快。2000～2005 年，建设用地面积增加了 413.8 km^2，扩展速度为 82.8 km^2/a；随着建立国际大都市目标的确立和申办奥运会成功，北京市迎来了新一轮快速建设的高潮，城市土地扩展速度进一步加快，2005～2010 年，建设用地面积快速增加了 743.0 km^2，扩展速度为 148.6 km^2/a。2010 年以后，城市土地扩展速度放缓，2010～2015 年，建设用地面积增加了 250.7 km^2，扩展速度为 50.1 km^2/a。

在建设用地大面积扩展的驱动下，耕地面积大幅度减少。1990～1995 年，耕地面积减少最多，为 885.1 km^2，年均减少 177.0 km^2，其中 670.7 km^2 的耕地转变为建设用地，129.67 km^2 的耕地转变为林地和草地；1995～2015 年耕地减少面积呈先增加后降低趋势，1995～2000 年、2000～2005 年、2005～2010 年和 2010～2015 年耕地减少面积分别为 57.1 km^2、380.3 km^2、362.5 km^2 和 212.8 km^2（图 4.6）。

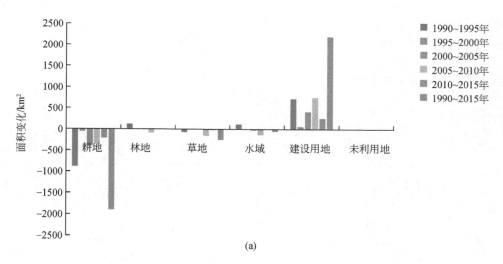

(a)

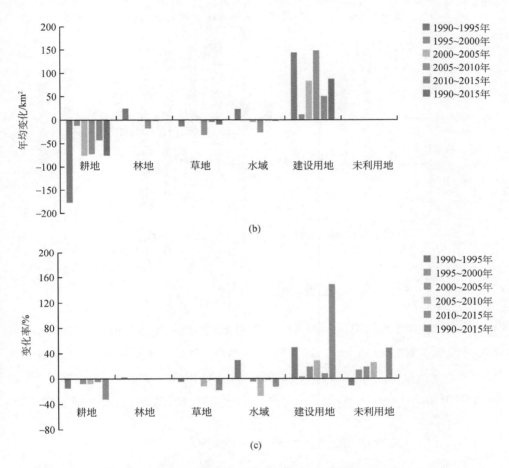

图 4.6 1990～2015 年北京市不同阶段土地利用变化状况

从不同行政区划来看，建设用地扩展面积最大的区为房山区，建设用地面积增加了 282.3 km²；其次为大兴区，增加了 272.4 km²；昌平区、通州区、顺义区和朝阳区城市扩展规模也较大，建设用地面积分别增加了 248.1 km²，236.2 km²，231.5 km² 和 230.4 km²；其他区建设用地扩展相对较少，东城区和西城区两大中心城区用地类型未发生改变，始终为建设用地。由于建设用地扩展的主要来源为耕地，故建设用地面积增加较大的区，其耕地减少面积也较大。其他用地类型变化较少，在各区也只有少量变化（图 4.7）。

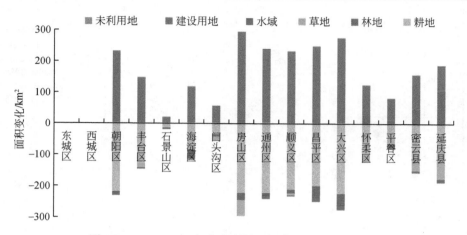

图 4.7 1990～2015 年北京市不同行政区土地利用变化

第三节 北京城市空间扩张特征分析

北京市城市土地面积从 1949 年的 109.00 km²扩张到 2018 年的 2021.48 km²，城市扩张总面积为 1912.48 km²。过去 70 年，城市土地扩张速度最快的时段是 2000～2010 年，平均每年扩张速度为 105.88 km²，其次为 1990～2000 年，平均每年扩张速度为 55.01 km²。1980～1990 年扩张速度最慢，平均扩张速度仅为 1.89 km²/a（图 4.8）。

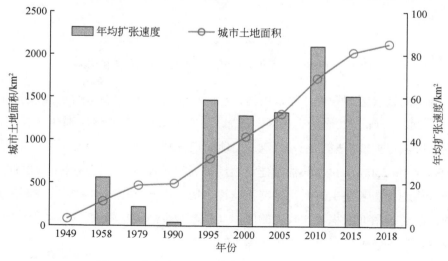

图 4.8 北京市 1949～2018 年城市土地面积变化

　　总体上，北京城市扩张呈现圈层外延式的扩张模式，不同阶段扩张模式也存在差异。其中，1949～1990 年北京市城市先呈圈层式外延扩张后呈轴线式扩张；1990～2018 年，呈显著的圈层外延式的扩张模式，城市周边增长极极快速发展，逐渐与主城区形成连绵式不透水面下垫面分布格局（图 4.9）。

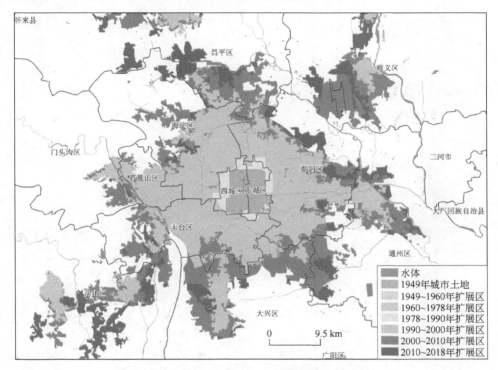

图 4.9　1949～2018 年北京市城市扩展图

　　2018 年遥感监测的北京市城市不透水面占城市土地面积比例为 64.60%，城市绿地空间占城市土地面积比例为 34.21%，城市水体占城市土地面积比例为 1.19%。不同扩张时段城市不透水面和绿地空间面积比例分析表明，2000 年以来，新区开发建设更加注重人工硬化地表和绿地的有效镶嵌。由于奥林匹克森林公园等一系列城市园林绿化建设，2010～2018 年城市扩展区地表不透水面比例下降到 53.12%，绿地空间比例上升到 45.69%。由此，整个北京市城市不透水面面积比例略有下降，绿地空间面积比例呈现一定程度的上升。总体上，由于北京市城市生态建设对园林绿化的重视，一定程度增加了绿地空间面积，而且提高了城市地表透水性；特别是 2000 年以来扩展区城市绿化比例大幅提升，生态成效显著（图 4.10）。

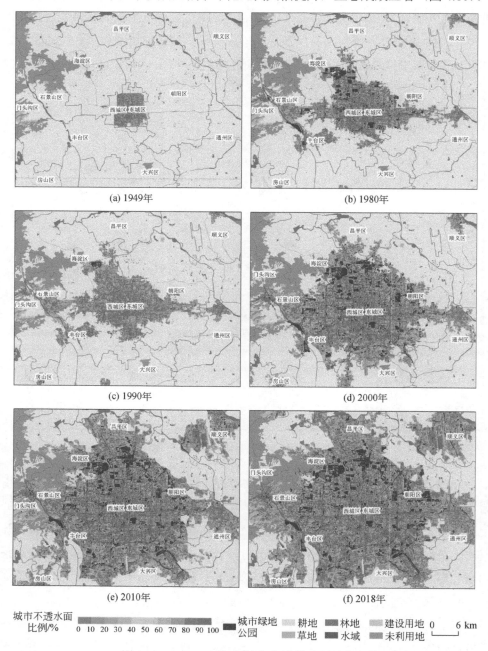

图 4.10　1949～2018 年城市土地利用/覆盖变化

第四节 北京城市不透水面时空分布特征

一、城市不透水面分布制图精度评价

以基于 Landsat 影像采用线性光谱混合分解方法提取的 2015 年城市不透水面作为验证数据，以同年 Google Earth 获取的高分遥感影像和航拍照片作为验证数据，通过 3×3 样地窗口（90 m×90 m），获取采样点内不透水面的验证值和真实值，运用线性拟合对北京市不透水面精度进行验证。通过随机选择样点构建的样地窗口共 239 个，精度评价结果如图 4.11 所示。结果表明，基于混合像元分解提取的不透水面的结果与地面真实值的相关性（R^2）在 0.91 以上，P 值小于 0.05，通过显著相关性检测，且 RMSE 小于 0.10（图 4.11）。

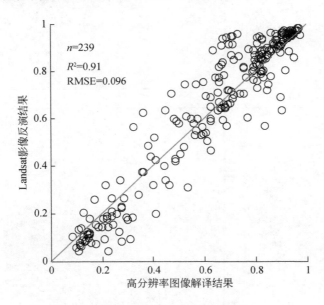

图 4.11 城市不透水面精度验证

二、城市不透水面时空分布制图

基于前述研究方法与精度验证结果，对北京市 2000 年、2005 年、2010 年和

2015 年四期 30 m 不透水面组分信息进行制图（图 4.12）。自 21 世纪以来，北京市不透水面空间形态持续向外蔓延，并以中心城区（东城区、西城区、朝阳区、海淀区、石景山区和丰台区）进行内部填充，同时向周边其他城区（昌平区、顺义区、通州区、大兴区、房山区和门头沟区）呈现"摊大饼式"扩张格局，说明 2000～2015 年北京市城区不透水面空间扩张态势明显。

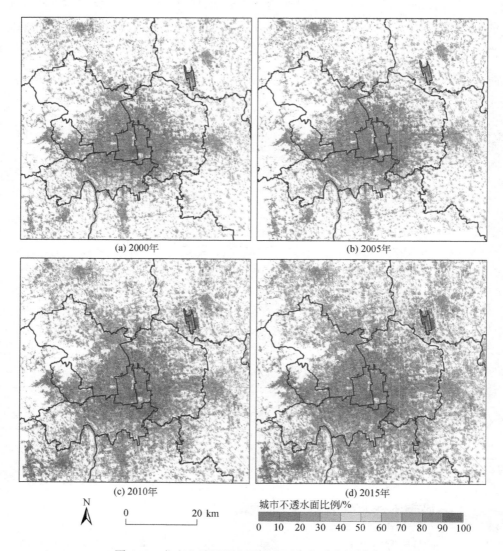

图 4.12　北京主城区城市不透水面变化遥感制图结果

其中,2000～2005 年不透水面蔓延主要集中在已有不透水面分布地区的周边地带,如朝阳区中部、通州城区、顺义城区及其周边地带,而 2005～2010 年和 2010～2015 年,不透水面的空间扩张格局差异明显增加,以朝阳–通州、海淀–昌平、朝阳(首都机场)–顺义、丰台–大兴及丰台–房山等轴线向周边辐射扩张,不透水面空间分布持续增加。其中,尤以首都机场及其周边顺义城区、房山区东北角地区最为明显,且不透水密度较高;此外,不透水面变化强烈的区域还包括昌平靠近海淀地区、朝阳东部连同通州地区、大兴北部、门头沟和石景山区(图 4.12)。

21 世纪以来北京市快速的经济发展和人口规模的集聚增长,导致对建设用地的需要压力增加,加剧了原有建成区域内部不透水面的内涵式填充与增长;与此同时,伴随着人口缓解政策的落实、行政区划的调整、地铁轨道及地上环路等交通设施的建设,北京市城市建设受到诸多影响,中心城区与周边城区的联系更为密切,促使其不透水面的扩张与蔓延。

综合考虑北京市城市发展阶段性特征、道路交通设施建设状况及 21 世纪以来北京市重要的社会经济事件,从北京市中心城区行政区划、典型环路分区及城市建设用地时空扩张三个角度对北京市不透水面的时空动态格局变化进行分析,为北京市市域多维度和多尺度城市内部结构变化分析提供依据。

以东城区、西城区为核心,连带受其周边辐射的朝阳区、海淀区、丰台区和石景山区作为北京市的中心城区,对其行政区划内部各期不透水面进行相关统计制图(表 4.1、图 4.3)。中心六城区土地总面积共 1379.33 km^2,各行政区域土地总面积由大到小依次为:朝阳区、海淀区、丰台区、石景山区、西城区和东城区(表 4.1)。

表 4.1 北京市中心城区不透水面变化面积与比例统计

行政区划	土地总面积 /km^2	2000 年		2005 年		2010 年		2015 年	
		面积 /km^2	比例 /%	面积 /km^2	比例 /%	面积 /km^2	比例 /%	面积 /km^2	比例 /%
东城区	41.96	24.10	57.42	25.59	60.99	26.12	62.25	27.08	64.54
西城区	50.58	30.59	60.48	32.17	63.60	32.76	64.76	33.80	66.83
朝阳区	463.85	114.32	24.65	141.69	30.55	175.62	37.86	220.78	47.60
丰台区	305.50	86.98	28.47	102.53	33.56	119.93	39.26	139.74	45.74

行政区划	土地总面积 /km²	2000 年		2005 年		2010 年		2015 年	
		面积 /km²	比例 /%	面积 /km²	比例 /%	面积 /km²	比例 /%	面积 /km²	比例 /%
石景山区	84.03	21.65	25.76	25.91	30.84	28.64	34.09	32.68	38.89
海淀区	433.42	80.45	18.56	96.18	22.19	112.46	25.95	137.96	31.83
总计	1379.33	358.07	25.96	424.06	30.74	495.54	35.93	592.03	42.92

由表 4.1 所示，2015 年北京市中心城区不透水面的面积共 592.03 km²，占土地总面积的 42.92%；空间分布（图 4.12），以中部向东扩张为主，不透水面分布较为密集且由中心地区向外密度逐渐降低。特别是在受到地形因素制约的昌平区和石景山西北区域、丰台西部地区，不透水面的密度更低。从各个区划看，2015 年朝阳区不透水面的面积最大，为 220.78 km²；丰台区和海淀区次之，分别为 139.74 km² 和 137.96 km²；其他三个城区均在 30 km² 左右。基于不透水面的面积比例信息，东城区和西城区不透水面的比例较高，均在 64% 以上；朝阳区和丰台区在 45% 以上；而石景山区和海淀区则均低于 40%，其中海淀仅为31.83%。

2000～2015 年，中心六大城区不透水面的总面积共增长了 16.96%，约为 2000 年的 0.65 倍，年均 15.60 km² 的速度持续增长；特别是以朝阳区东部、海淀区东北部、丰台区东南部及石景山中部为典型的快速增加区域。统计表明，2005～2015 年期间的三个阶段，该区不透水地表增长速度分别为 13.20 km²/a、14.29 km²/a 和 19.30 km²/a，呈现加速增加趋势（表 4.1、图 4.13）。在空间分布上，该变化表现为以核心城区（东城区和西城区）向外蔓延且速度逐年加快的特征，由 2000 年仅占中心城区扩展到 2015 年的整个区域（图 4.12），空间上呈现区域下垫面不透水面连绵式的布局特征。

由图 4.13 可知，2000～2015 年，中心城区中朝阳区不透水面的总面积最大，且逐年增加速度最快，其面积比例自 2000 年 24.65% 增长到 2015 年的 47.60%，年均增加值为 1.53%。丰台区次之，面积比例增长了 17.27%；其次为海淀区和石景山区，分别增长了 13.27% 和 13.13%；东城区和西城区增长比例均小于 8%。

在三个不同时段中，皆以朝阳区、海淀区和丰台区面积增长为主，三阶段中不透水面增长的总面积分别占全区各阶段不透水面增长总面积的 88%、94%和93%。同时，受奥运会举办所需基础设施建设、北京城区人口集聚等因素影响，这三个城区不透水面增长速度均逐渐提升，而其他三个区不透水面的面积增长和空间扩展相对较小，即东城区、西城区及石景山区受其城市发展阶段（东、西城区为老城区）及地形地貌特征（石景山西部为山区）等因素的限制，在 2000 年之前其地表结构就已达到高度的人工化，不透水面的面积与密度接近饱和。

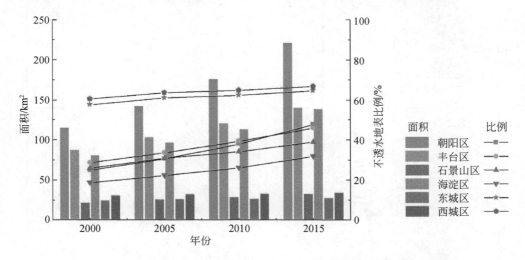

图 4.13　北京市六大主城区不透水面增长统计

北京市交通道路布局呈现典型的环状向外辐射特征，自北京市五环路和六环路分别建成通车以来，二环路至六环路已成为北京市城区重要的交通网络骨架，也是城市化发展的重要廊道。基于各环路间划分的城市分区，分析其城区内不透水面增长与城市扩张特征，有助于掌握北京市城市化扩展进程与特征。

基于环路分区提取 2000～2015 年四期不透水地表分布状况并进行统计，结果如图 4.14 和表 4.2 所示。其中，六环路以内土地总面积为 2269.18 km²，且自二环向外两环路之间的土地面积呈递增趋势，五至六环土地面积最大，占整个环路土地总面积的 70%以上（表 4.2）。

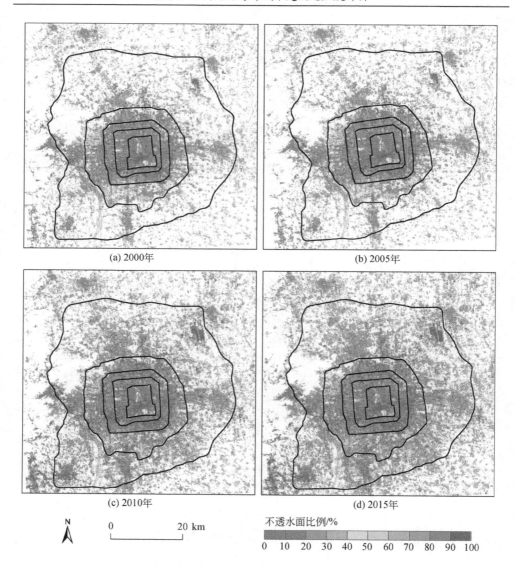

(a) 2000年　　　　　　　　　　　　(b) 2005年

(c) 2010年　　　　　　　　　　　　(d) 2015年

不透水面比例/%

0　10　20　30　40　50　60　70　80　90　100

图 4.14　北京市环路不透水面分布图

表 4.2　2000～2015 年北京市主要环路内不透水面面积和比例统计

环路区域	土地总面积 /km²	2000 年		2005 年		2010 年		2015 年	
		面积 /km²	比例 /%	面积 /km²	比例 /%	面积 /km²	比例 /%	面积 /km²	比例 /%
二环以内	62.64	37.25	59.47	39.06	62.36	40.00	63.86	41.26	65.87

环路区域	土地总面积 /km²	2000 年		2005 年		2010 年		2015 年	
		面积 /km²	比例 /%	面积 /km²	比例 /%	面积 /km²	比例 /%	面积 /km²	比例 /%
二环至三环	96.15	53.19	55.32	57.85	60.16	58.54	60.88	61.62	64.09
三环至四环	143.56	72.45	50.47	82.09	57.18	84.16	58.62	90.90	63.32
四环至五环	365.38	113.91	31.18	137.19	37.55	163.95	44.87	191.00	52.27
五环至六环	1601.46	176.34	11.01	232.22	14.50	415.55	25.95	562.07	35.10
总计	2269.18	453.14	19.97	548.40	24.17	762.19	33.59	946.84	41.73

由图 4.14 可知，2000～2015 年北京市六环内不透水面增长或蔓延态势显著。2000 年四环以内密集为主，四环至五环、五环至六环分布相对较少，同时集中在东、西、南及北四个主方向上；而到了 2015 年，四环至六环间不透水面分布密集程度显著增大，特别是五环至六环间不透水面蔓延趋势最为明显。从不同时间段来看，2000～2005 年不透水面蔓延较为缓慢，仅在已有不透水面周边进行延伸扩张；2005～2010 年以首都机场、五环至六环东南部为典型，四环至五环和五环至六环内空间蔓延态势显著；2010～2015 年，其内部扩张明显加强，以五环至六环内靠近六环路为主，北、东、南部均得到显著扩张。

基于各环路间区域进行统计分析表明（表 4.2、图 4.15），2015 年，六环以内不透水面的总面积为 946.84 km²，占全区总面积的 41.73%。其中，各环面积由内向外增大，不透水面的面积自内向外逐渐增多，五环至六环内其面积最大为 562.07 km²；四环至五环间不透水面的面积为 191.00 km²；三环至四环、二环至三环及二环之内均低于 100 km²，且二环之内面积最小，为 41.26 km²。与此相反，各环间不透水面比例则自内向外递减，二环之内比例最高，为 65.87%，二环至三环、三环至四环以内分别以 64.09% 和 63.32% 位列第二、第三；四环至五环之间比例也超过 50%；五环至六环之外最低，仅为 35.10%。

由图 4.15 可知，自 2000 年以来，北京市六环内不透水面持续增加，15 年间总面积增加了近 1.1 倍；特别是以五环至六环之间不透水面增长最为显著，15 年间增加了共 389.72 km²，是 2000 年的近 2.18 倍；四环至五环增加了 77.09 km²；四环之内的三个区域增加量较少，其中，二环之内仅增加 4.01 km²。此外，全区不透水面的面积比例自 2000 年的 19.97% 增加到 2015 年的 41.73%，增幅 100% 以上，以五环至六环、四环至五环之间变化最为明显，增长比例分别为 24.09%和 21.10%，五环至六环从 11.01%增加到 35.10%，四环至五环从 31.18%增加到 52.27%；同时，三环至四环、二环至三环和二环以内分别增加 12.85%、8.76%和 6.40%（图 4.15）。

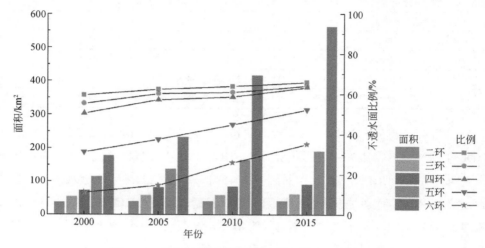

图 4.15　北京市各环路不透水面的面积和比例统计

分时段分析可知，2000～2005 年、2005～2010 年和 2010～2015 年全区不透水面的总面积分别增长了 95.26 km^2、213.79 km^2 和 184.65 km^2，年均增加面积分别为 19.05 km^2、42.76 km^2 和 36.93 km^2，呈现持续增加的特征。在三个阶段中，四环以外共分别增长了 79.06 km^2、210.09 km^2 和 463.81 km^2，分别占各阶段变化面积的 80%、98%和 94%；特别是五环至六环之间在三个阶段分别占了 59%、86%和 79%（图 4.15）。由此可以看出，自 2000 年以来，六环内不透水面的增长主要集中在四环之外，并以五环至六环为主；其中，自 2005 年起六环内不透水面的增加提速，2010 年后速度有所减缓，增长面积较前一时段有所减少。

第五节　北京城市绿化和绿地分布特征

一、北京城市绿化状况

城市植被在空间上的分布被称为城市绿地，即绿色空间。它是城市中保持绿色植被覆盖为特征的自然、半自然景观，是城市自然景观和人文景观的综合体现。其功能上具有改善城市生态环境、维持城市生态平衡、营造城市景观风貌和城市景观文化的作用。

中华人民共和国成立以来，北京市园林绿化成效显著，森林覆盖率由 1949 年的 1.3%增长到 2018 年 36.5%，城市绿化覆盖率由 1980 年的 20.1%上升到 2018 年的 48.4%，公园绿地面积由 1980 年 2746 hm² 增加到 2018 年 3.26 万 hm²。2005 年以来，受筹备绿色奥运等一系列措施的影响，公园绿地面积增速很快，2005～2010 年北京公园绿地面积增加 7655 hm²，2010～2018 年增加 1.36 万 hm²（图 4.17）。截至 2018 年年底，全市林地面积达到 109.93 万 hm²（其中森林面积 77.76 万 hm²），蓄积量 1798 万 m³。全市绿地面积 8.53 万 hm²（其中公共绿地 3.26 万 hm²），人均绿地面积达 42.15 m²，人均公园绿地面积达到了 16.3 m²（图 4.16）。这一系列的成效造就了现如今城市青山环抱、市区森林环绕、郊区绿海田园的北京，为北京建设生态城市、宜居城市奠定了坚实的基础（图 4.17）。

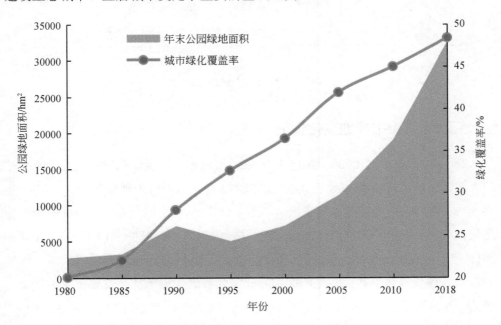

图 4.16　北京市公园绿地面积和城市绿化覆盖率变化

颐和园

0   5 km

绿地空间比例/%　　0 10 20 30 40 50 60 70 80 90 100　　　—— 城市边界　□ 水体

图 4.17　北京市公园绿地空间分布

二、北京城市绿地变化特征

　　基于 GIS 技术对 2000～2015 年北京城市绿地面积及比例进行统计分析。结果表明，2015 年北京城市绿地面积为 814.77 km^2，占城区土地面积的 33.66%，主要分布在海淀区、朝阳区和石景山区（图 4.18）。从各个区来看，海淀区的绿地比例最高（33.2%），其次为石景山区，西城区的绿地比例最低（19.37%）。2000～2015 年，除石景山区外，东城区、西城区、朝阳区、丰台区、海淀区的城市绿地面积均呈增长趋势。其中，朝阳区和海淀区的新区发展更加注重城市生态建设，绿地面积增长最为明显，15 年间分别增加了 38.30 km^2 和 26.97 km^2（图 4.19）。

　　总体上，由于北京市城市生态建设对园林绿化的重视，一定程度增加了绿地空间面积，而且提高了城市地表透水性。特别是 2005 年以来城市扩展区绿化比例大幅提升，生态绿化成效显著。

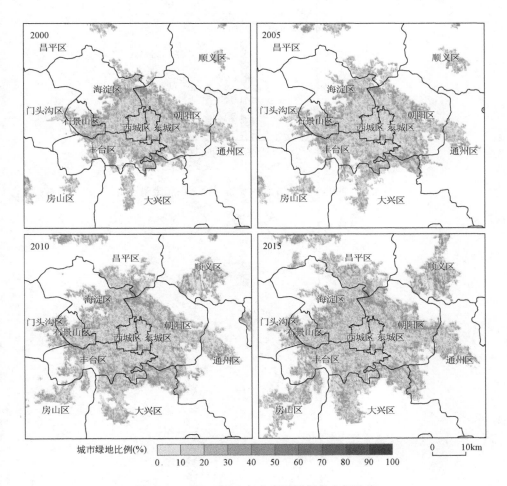

图 4.18　2000~2015 年北京城区绿地空间分布

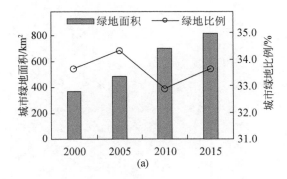

(a)

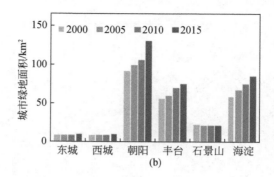

图 4.19　2000～2015 年北京城市绿地面积和比例变化

第五章　北京生态海绵城市建设的优先区识别与适应度评价

本章基于生态海绵城市建设的优先区识别和适应度评价理论基础，在分析雨洪调节和热岛调节影响因子的基础上，实现了生态海绵城市雨洪调节和热岛调节优先区的空间位置的识别，评价了生态海绵城市建设的适应度，并分析了影响适应度的关键因子，进而实现了生态海绵城市建设适应度等级的空间制图。

第一节　北京生态海绵城市雨洪调节优先区分布特征

一、北京市雨洪产流特征分析

（一）城市地表产流总体特征

基于不同降水重现期下的降水量，利用 SCS-CN 模型计算产流状况，并对其进行统计分析。结果表明，降水强度与城市地表径流系数存在较好的相关性（R^2=0.98）。在不同降水重现期内，城市地表径流系数随着降水强度的增大呈现对数增长趋势，但径流系数增长速率逐渐变缓。当降水重现期为 1 年一遇时，120 min 内降水为 39.7 mm，径流系数最低，仅为 0.47；当降水重现期为 100 年一遇时，120 min 内降水增加到 104.4 mm，径流系数最高，达到 0.647（图 5.1）。

（二）不同分区的地表产流总体特征

从不同分区来看，西城区的地表径流系数最高，在 1 年一遇降水重现期内，

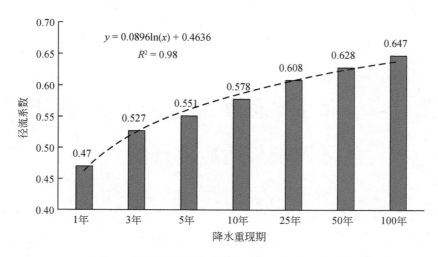

图 5.1 不同重现期内北京中心城区降水径流系数变化

径流系数达到 0.71，在 100 年一遇降水重现期内，径流系数增加到 0.86。海淀区
径流系数最低，在 1 年一遇降水重现期内，径流系数为 0.38，在 100 年一遇降水
重现期内，径流系数升高到 0.57。从表 5.1 可看出，在不同降水重现期内，东城
区和西城区径流系数为 0.68~0.86，朝阳区和丰台区径流系数为 0.49~0.69，海淀
区和石景山区径流系数为 0.38~0.59，各区内部不透水面比例和植被覆盖比例的
差异导致地表径流存在一定差异（表 5.1）。

表 5.1 不同行政单元内不同降水重现期径流系数变化

分区	1 年	3 年	5 年	10 年	25 年	50 年	100 年
东城	0.68	0.74	0.76	0.78	0.81	0.82	0.83
西城	0.71	0.77	0.79	0.81	0.83	0.85	0.86
朝阳	0.51	0.57	0.59	0.62	0.65	0.67	0.69
海淀	0.38	0.44	0.46	0.49	0.52	0.55	0.57
丰台	0.49	0.55	0.57	0.60	0.63	0.65	0.67
石景山	0.41	0.47	0.49	0.52	0.55	0.57	0.59
平均	0.47	0.53	0.55	0.58	0.61	0.63	0.65

将城市划分为不同等级的产流风险区。总的来看，城市地表径流系数越大，
产流风险越高。以 10 年一遇的降水情景为例，西城区和东城区地表产流风险远远

高于其他四个区，分别有 59.80%和 64.42%的区域处于产流高风险区。对朝阳区、丰台区、石景山区和海淀区来说，产流高风险区分别占各自行政区总面积的 42.90%、37.74%、30.73%和 27.86%。产流低风险区在海淀区占比最大，为 35.71%，其次是石景山区，占其面积的 35.62%，东城区最少，仅为 4.30%。产流中风险区面积较小，均为 3.84%~8.59%（表 5.2）。

表 5.2　10 年一遇降水重现期内产流风险统计　（单位：%）

分区	不同等级降水产流风险区比例				
	高产流风险	中高产流风险	中产流风险	中低产流风险	低产流风险
西城	59.80	21.52	4.22	6.84	7.62
东城	64.42	21.79	3.84	5.64	4.30
朝阳	42.90	15.81	6.95	13.92	20.42
丰台	37.74	16.33	8.59	17.18	20.15
石景山	30.73	15.83	6.38	11.44	35.62
海淀	27.86	14.85	6.64	14.94	35.71
平均	37.60	16.02	6.98	14.29	25.11

从空间分布来看，产流高风险区主要分布在东城和西城的老城区和商业区，以及朝阳区南部和丰台区东部。海淀区西部、朝阳区东北部，以及城市内部的公园绿地区均是产流低风险区（图 5.2）。

对各个行政区的平均产流系数[图 5.3（a）]和不同产流风险等级面积[图 5.3（b）]进行统计。从平均产流系数来看，西城区由于具有较高密度的不透水面特征，导致其平均产流系数最高，为 71.15%，东城区次之，为 68.32%，海淀区由于具有较高的植被覆盖比例，使其平均径流系数较低（46.07%）。由此，海淀区较其他几个区地表产流风险更低，表明绿地植被发挥了重要的地表径流调节服务功能。从产流风险来看，产流高风险区在丰台区分布最多，面积达到 73.35 km^2，其次是海淀区，西城区分布最少，面积仅有 9.02 km^2。低风险区在海淀区分布最多，面积达到 154.66 km^2。

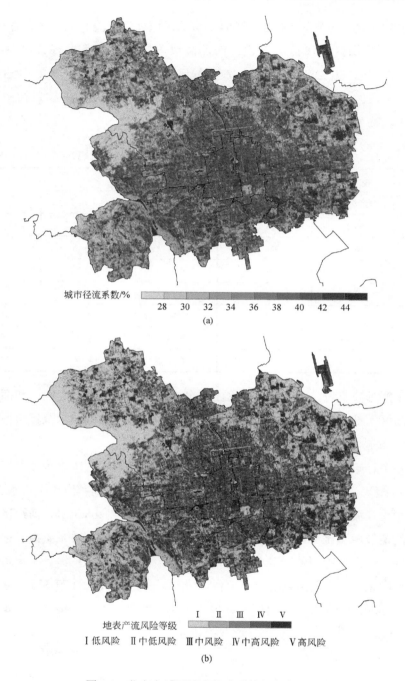

城市径流系数/%
28 30 32 34 36 38 40 42 44
(a)

地表产流风险等级 Ⅰ Ⅱ Ⅲ Ⅳ Ⅴ
Ⅰ低风险 Ⅱ中低风险 Ⅲ中风险 Ⅳ中高风险 Ⅴ高风险
(b)

图 5.2 北京市城区地表径流系数与产流风险

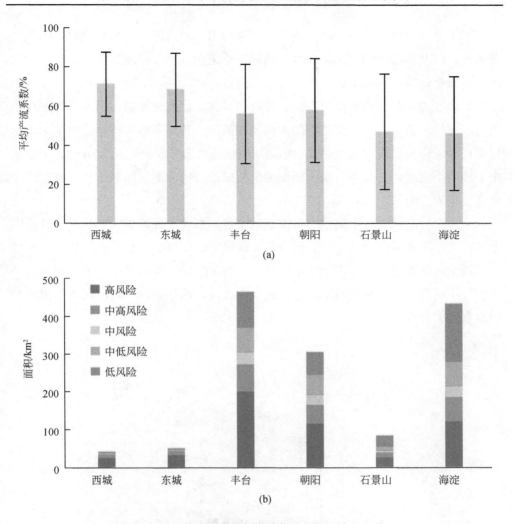

图 5.3 北京市城区地表径流系数及产流风险分区统计

（三）街道尺度的地表产流特征分析

基于街道统计的平均地表径流系数，利用自然断点法划分为 5 个等级进行可视化显示（图 5.4）。各街道的平均地表径流系数由城市内部向外逐渐下降，平均地表径流系数从 0.79（大栅栏街道）下降至 0.20（香山街道）。地表径流系数较高的街道主要分布在东城区和西城区，包括安定门街道、交道口街道、景山街道和东四街道等；海淀区的中关村街道和永定路街道，丰台区的右安门街道、东铁匠营街道，以及朝阳区的呼家楼街道、酒仙桥街道和八里庄街道等地表径流系数也较高，表明地表产流风险也较高，易发生内涝灾害。

地表径流系数较低的街道主要分布周边郊区，如海淀的香山街道、苏家坨街道、温泉镇，石景山的五里坨街道，以及朝阳区的孙河乡等，但城区内部如奥运村街道和天坛街道较周边也较低，平均地表径流系数分别为 0.50 和 0.52，主要是由于这两个街道内均分布着较大面积的公园绿地，植被的冠层截留和土壤下渗能够减小地表产流（图 5.4）。

从各个行政区街道平均地表径流系数来看，东城区和西城区明显高于其他四个区。其中，西城区最高，之后依次是东城区、朝阳区、丰台区和海淀区。东城区和西城区各街道地表径流系数差异很小，基本保持在 0.70 左右，表明两个区受高密度不透水面分布导致城市地表径流系数较高，而朝阳区和海淀区各街道地表径流系数差异较大。

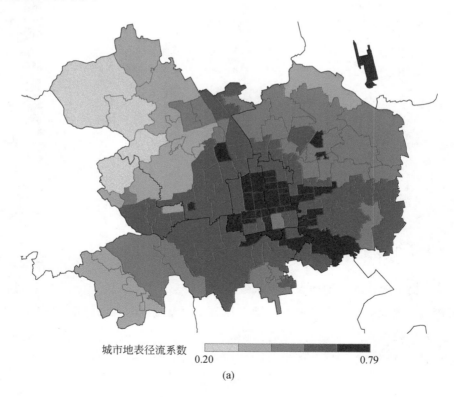

城市地表径流系数 0.20 ———— 0.79

(a)

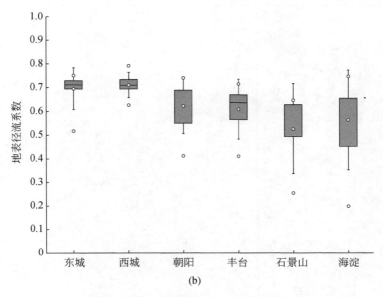

(b)

图 5.4　城区街道地表产流空间分布及统计

二、城市雨洪调节优先区因子分析

（一）城市地表产流风险特征

基于城市地块数据和地表产流数据，利用空间区域统计工具得到各地块的综合径流系数（图 5.5）。本书假定城市综合径流系数越高的地块，城市地表产流调节的优先等级越高。

从空间分布来看，城市地表产流的高值区主要分布在东城区和西城区，这些地块内多以老旧城区和商业区为主，建筑密度高，植被覆盖度低，主要集中在安定门街道、交道口街道及金融街街道。朝阳区东部和南部，丰台区东部的不透水面比例较高，导致地表产流风险增加，主要集中在高碑店乡、十八里店乡和广安门外街道。城市地表产流的低值区主要分布在海淀区西北部、石景山区北部、丰台区西南部和朝阳区的东北部。这些区域分布在城市郊区的景区、山区

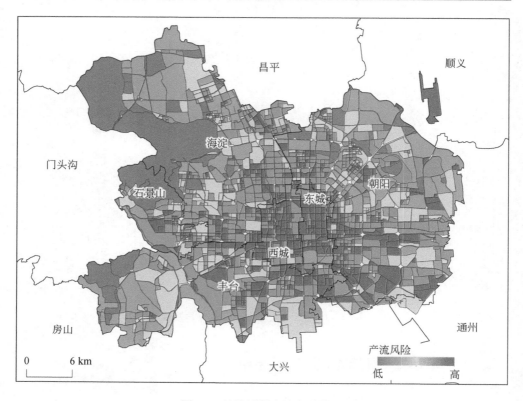

图 5.5　地块地表产流风险等级

或正在建设的城市绿地区，不透水面比例较低，植被覆盖度较高，土地利用类型以林地、草地和农田为主，植被的冠层截留和土壤下渗能够有效缓解地表产流风险。

　　利用自然断点法将城市地表产流风险划分为 5 个等级，用以表征城市雨洪调节优先等级。这 5 个等级包括高优先等级、中高优先等级、中等优先等级、中低优先等级和低优先等级，并统计不同优先等级的面积（表 5.3）。从表 5.3 中可以看出，朝阳区内的高优先等级区面积最多，为 57.33 km^2，占区域面积的 13.30%。东城区高优先等级区面积比例最高，达到 39.10%，西城区高优先等级区的面积比例也达到 35% 以上。同时，中高优先等级在东城区和西城区的面积比例分别达到 39% 和 57% 以上，这表明东城区和西城区是目前地表产流调节的高风险区域，应当开展城市低影响开发措施建设实现径流调蓄，提升雨洪调节生态系统服务能力。

朝阳区和丰台区以中高和中等优先等级区为主，但中高、高优先等级区面积比例总和也均达到33%以上，表明这两个区需要提升其地表径流调节能力，可作为海绵生态城市建设的重点区。石景山和海淀区的低优先区面积分别为34.54 km^{2}和194.49 km^2，占其区域面积的比例也分别在40%以上，而且这两个区主要以森林覆盖为主，应当发挥水源涵养功能，充当海绵生态城市建设中的水源涵养重要保护区。

表 5.3　地块地表产流调节优先等级面积统计

区域	高优先等级		中高优先等级		中等优先等级		中低优先等级		低优先等级	
	面积/km^2	比例/%	面积/km^2	比例/%	面积/km^2	比例/%	面积/km^2	比例/%	面积/km^2	比例/%
东城	14.82	39.10	14.84	39.14	3.34	8.80	4.91	12.96	0.00	0.00
西城	16.31	35.94	25.81	56.86	2.88	6.34	0.39	0.85	0.00	0.00
朝阳	57.33	13.30	114.77	26.62	105.72	24.52	78.56	18.22	74.72	17.33
丰台	17.62	6.11	80.14	27.81	75.85	26.32	69.55	24.13	45.04	15.63
石景山	3.29	4.11	22.06	27.61	14.53	18.18	5.49	6.87	34.54	43.22
海淀	16.18	3.95	59.82	14.60	68.83	16.80	70.43	17.19	194.49	47.47
合计	125.56	9.72	317.44	24.57	271.15	20.98	229.32	17.75	348.78	26.99

（二）城市地表低洼区因子特征分析

基于城市高精度 DEM 数据，提取得到城市低洼区（图 5.6）。从空间分布来看，城市地形低洼区分布范围较广。首先，城市河流水体周边是城市低洼区的聚集区，如什刹海街道、西长安街街道、宛平街道和甘家口街道；其次，将台地区、东风地区、黑庄户地区及万柳地区等街道也是城市低洼区的聚集区，这些城市低洼区应当是城市内涝关注的热点区，应当加强城市低影响开发的建设，减缓城市内涝风险。

对各个区的低洼区面积统计表明（表 5.4），朝阳区的低洼区分布最多，面积为 10.86 km^2，占区域的比例为 2.30%；其次是丰台区，低洼区面积为 8.51 km^2，占区域面积比例为 2.79%；东城区和西城区内的低洼区面积分别为 1.14 km^2 和 1.28 km^2，占区域面积比例均在 2.5%以上。

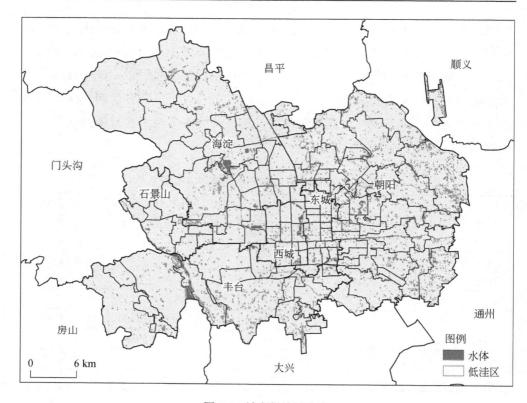

图 5.6　城市低洼区分布

表 5.4　城市低洼区面积统计

名称	东城	西城	朝阳	丰台	石景山	海淀
面积/km²	1.14	1.28	10.86	8.51	0.88	4.10
比例/%	2.73	2.52	2.30	2.79	1.04	0.95

（三）城市地表立交桥风险与内涝因子

基于高分遥感影像目视解译的立交桥空间分布，生成其周边 100 m 的缓冲区，并构建 100 m×100 m 的区域作为立交桥风险区，对各个区内立交桥风险区的数据进行统计（图 5.7）。结果表明，城区立交桥风险区有 284 处；朝阳区分布最多，为 109 处，占比超过 35%；其次是海淀区，有 73 处；石景山区最少，仅有 5 处。从城市内涝点分布来看，东城区和西城区的内涝点与立交桥的分布具有较高的一致性，主要分布在城市主干道路上或者立交桥下的低洼区，表明这些区域应当开展雨洪调蓄措施以缓解城市内涝风险。同时，青龙街道、万柳地区和燕园街道分布着较密集的城市内涝点，这些内涝点大部分处于城市低洼区及产流高风险区，导致该部分区域具有较高的内涝风险（图 5.7）。

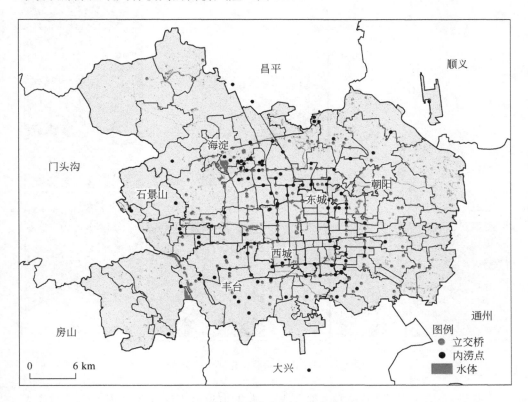

图 5.7　城区地表立交桥与内涝点分布

三、城市雨洪调节优先区空间分布特征

从空间分布来看，城市雨洪调节优先区较为分散，在各个区的分布也存在明显差异，主要集中在东城区和西城区的各个街道。朝阳区的八里庄街道、西城区的德胜街道和朝阳区的十八里店乡受高密度不透水面分布的影响，产流风险较高，是城市雨洪调节优先区的聚集区。西城区复兴门桥，东城区北部的东直门桥及景泰桥周边区域分布着大量的低洼区，城市雨洪风险较高，也是城市雨洪调节优先

区的聚集区（图 5.8）。

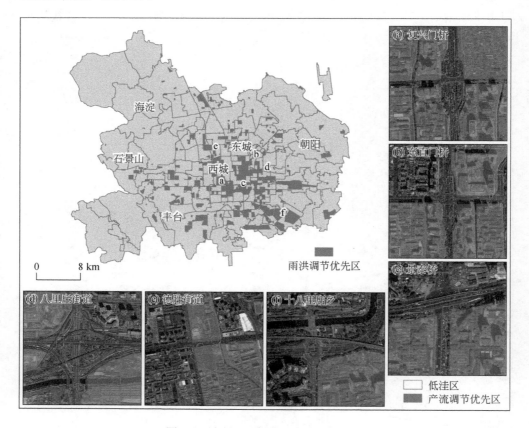

图 5.8 城市雨洪调节优先区空间分布

基于城市雨洪调节优先区提取结果，在街道尺度上统计了城市雨洪调节优先区面积，并列出了城市雨洪调节优先区前 10 位的街道（表 5.5）。就城市地表产流调节优先区来看，排名前 10 位的街道为十八里店乡、花乡地区、高碑店地区、卢沟桥地区、东铁匠营街道、新街口街道、小红门地区、黑庄户地区、清河街道和羊坊店街道，各个街道的城市地表产流优先调节区面积均大于 2.3 km^2。其中，十八里店乡地表产流优先调节区面积最多，达到 13.77 km^2，其次是花乡地区，面积为 6.27 km^2，这两个乡镇的高产流风险区地块主要是高密度的工业仓储用地，导致地表产流较高。

表 5.5　城市雨洪调节优先区排名前 10 位的街道面积统计

街道名称	ROR	街道名称	LLAR	街道名称	UFR
十八里店乡	13.7712	花乡地区	0.2170	豆各庄地区	0.0240
花乡地区	6.2715	高碑店地区	0.1870	卢沟桥地区	0.0185
高碑店地区	5.8212	八角街道	0.1731	左家庄街道	0.0149
卢沟桥地区	3.2843	十八里店地区	0.1289	展览路街道	0.0134
东铁匠营街道	2.8555	建外街道	0.1117	十八里店地区	0.0120
新街口街道	2.7507	西长安街街道	0.1062	建外街道	0.0106
小红门地区	2.6265	呼家楼街道	0.1058	花园路街道	0.0103
黑庄户地区	2.5266	黑庄户地区	0.0955	月坛街道	0.0101
清河街道	2.3651	东华门街道	0.0954	呼家楼街道	0.0095
羊坊店街道	2.3520	北下关街道	0.0778	海淀街道	0.0095

注：ROR 表示地表产流调节优先区（km^2）；LLAR 表示低洼区雨洪调节优先区（km^2）；UFR 表示城市立交桥区雨洪调节优先区（km^2）。

就城市地表低洼区优先调节区来看，排名前 10 位的街道为花乡地区、高碑店地区、八角街道、十八里店乡、建外街道、西长安街街道、呼家楼街道、黑庄户地区、东华门街道和北下关街道，各个街道的城市低洼区优先调节区面积均大于 0.078 km^2。其中，花乡地区低洼区优先调节区面积最多，达到 0.22 km^2，其次是高碑店地区，面积为 0.19 km^2，这两个乡镇的低洼区主要分布在河流和立交桥周边地区，地形较低洼，是水流汇集区。

就城市立交桥优先调节区来看，排名前 10 位的街道为豆各庄地区、卢沟桥地区、左家庄街道、展览路街道、十八里店地区、建外街道、花园路街道、月坛街道、呼家楼街道和海淀街道，各个街道的城市立交桥调节区均分布着较多的处于低洼区的立交桥。其中，豆各庄地区立交桥优先调节区面积最多，为 0.024 km^2，其次是卢沟桥地区，面积为 0.0185 km^2。

需要注意的是，地表产流调节优先区的面积要远大于低洼区雨洪调节优先区、城市立交桥雨洪调节优先区，说明地表产流优先区为城市雨洪调节优先区的主导类型，城市低洼区和立交桥风险区是内涝发生的热点区，需要加强低影响开发设施建设。

四、城市雨洪调节优先区与非优先区对比分析

为了验证城市雨洪调节优先区的准确性，选取面积比例、植被覆盖比例、地

表径流系数、DEM 和坡度 5 个因子，对比城市雨洪调节优先区和非优先区的差异。城市不透水面比例和植被覆盖比例直接影响城市地表产流状况。城市雨洪调节优先区、非优先区和主城区的不透水面比例和植被覆盖比例见图 5.9（a）。结果表明，优先区不透水面比例较非优先区和主城区分别高 36.60% 和 34.52%，而优先区植被覆盖比例较非优先区和主城区分别低 30.18% 和 28.50%，表明城市雨洪调节优先区主要分布在高密度不透水面区，属于地表产流高风险区，需要加强径流调蓄。图 5.9（b）为城市雨洪调节优先区和非优先区的 10 年一遇降水情景下地表径流系数。

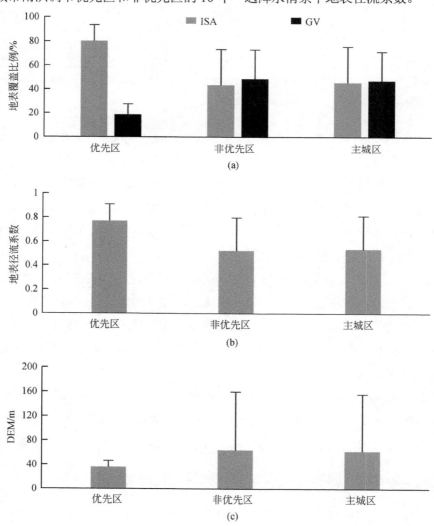

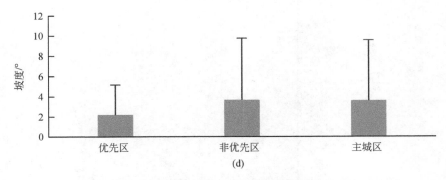

图 5.9　城市雨洪调节优先区和非优先区因子对比

结果表明，优先区的地表径流系数较非优先区和主城区地表径流系数分别高 0.25 和 0.23，说明城市雨洪调节优先区分布在产流高风险区。图 5.9（c）、（d）分别为城市雨洪调节优先区和非优先区的 DEM 和坡度状况。优先区地形高程明显低于非优先区和主城区平均值，而且这些低洼区的坡度较非优先区和主城区更缓，这表明提取的城市雨洪调节多处于低洼区，容易发生内涝灾害。

第二节　北京生态海绵城市热岛调控优先区分布特征

一、北京市城市热岛状况分析

本节基于 Landsat 反演的地表温度分析城区的城市热岛强度特征，并利用实地观测数据进行验证，地表温度误差在 2℃ 以内。为了减小季节因素对城市地表温度观测的影响，对反演的地表温度进行归一化处理，采用自然断点法将城区地表温度数据划分为低温区、次低温区、中温区、次高温区和高温区 5 个等级，并在区县尺度和街道尺度分别进行统计分析。

（一）城市热岛强度总体特征分析

图 5.10 为北京市城市地表温度及温度等级分区的空间分布。可以看出，北京市城区地表温度为 25～45℃，东城区和西城区地表温度明显高于郊区，高温区主

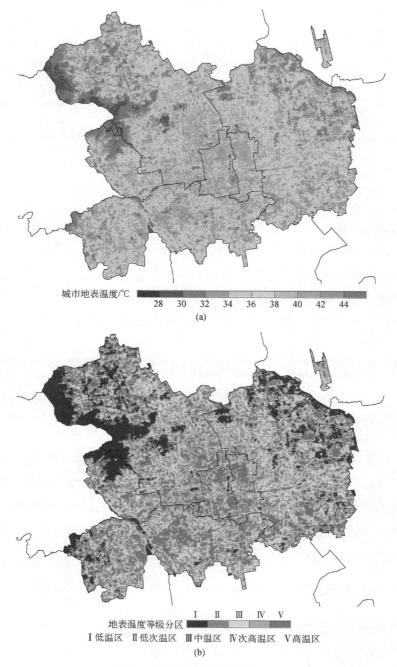

城市地表温度/℃

28 30 32 34 36 38 40 42 44

(a)

地表温度等级分区   I   II   III   IV   V

I 低温区   II 低次温区   III 中温区   IV 次高温区   V 高温区

(b)

图 5.10   城区地表温度空间分布

要分布在西城区、东城区北部，以及丰台区中部地区，这些区域主要以老旧城区和工业区为主，不透水面比例较高，导致地表温度明显高于其他区域。海淀区西部、朝阳区东北部和石景山北部地区为低温区，这些区域主要是以林地、草地和耕地覆盖为主，植被比例较高，地表温度明显低于城市核心区。

（二）不同分区城市热岛强度特征

对城市各个行政区地表温度进行统计[图 5.11（a）]。结果表明，西城区的地表温度最高，为 39.49±2.36℃；其次为东城区；海淀区平均地表温度最低，为 35.61±3.62℃。丰台区、朝阳和石景山区的地表温度分别为 37.49℃、36.54℃和 36.35℃。

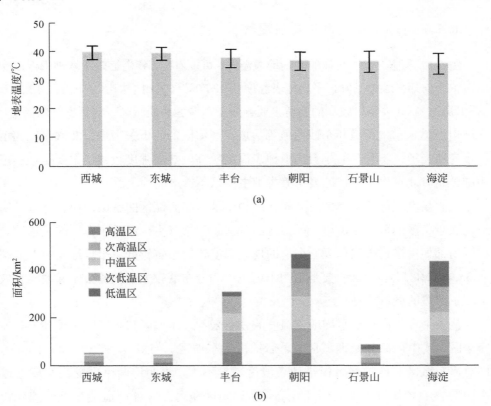

图 5.11　城区地表温度分区统计

对各个行政区不同等级的地表温度的面积进行统计，可以看出，丰台区高温区面积分布最大，面积达到 55.34 km²；其次是朝阳区；东城区最少，面积仅有 11.91 km²，但占东城区面积的 28.41%。次高温区在朝阳区分布最多，面积达到 103.76 km²；其次是海淀区；东城区分布最少，面积仅有 18.87 km²。中温区在朝阳区分布最多，面积达到 131.29 km²；其次是海淀区；西城区分布最少，面积仅有 7.08 km²。次低温区主要分布在朝阳区、海淀区和丰台区，面积分别为 118.07 km²、108.37 km² 和 72.68 km²；西城区分布最少，仅有 2.16 km²。低温区海淀区分布最多，面积达到 105.74 km²，占城区低温区面积的 52.30%，东城区低温区面积最少，仅 0.17 km²，主要集中在面积较小的绿地公园。由此说明东城区和西城区较其他几个区的城市热岛效应更强。

（三）街道尺度城市热岛强度特征

图 5.12 为基于街道统计的平均地表温度。可以看出，各街道的平均地表温度由城市中心向郊区逐渐下降，平均地表温度从 42.70℃（大栅栏街道）下降至 32.26℃（香山街道）。地表温度较高的街道主要分布在东城区和西城区，包括安定门街道、交道口街道、景山街道和东四街道等街道；海淀区的北下关街道、北太平庄街道和永定路街道；丰台区的丰台街道地表温度较高，热岛强度较强，主要是该街道周围分布有北京火车站，地表覆盖类型主要以不透水面为主。

地表温度较低的街道主要分布在周边郊区，如海淀区的香山街道、苏家坨街道，石景山区的五里坨街道，朝阳区的孙河乡和常营乡，以及丰台区的王佐镇。城区内部如奥运村街道和天坛街道的地表温度较周边也较低，平均地表温度分别为 35.44℃ 和 37.44℃，主要是这两个街道内均分布着较大面积的公园绿地，有效缓解了周边的城市热岛。

从各个行政区街道平均地表温度的分布来看，东城区和西城区明显高于其他四个区，其中最高的是西城区，之后依次为东城区、朝阳区、丰台区和海淀区。同时，东城区和西城区各街道地表温度差异不大，表明这两个区受高密度不透水面的影响导致城市地表温度较高，而朝阳和海淀区各街道地表温度差异较为明显。

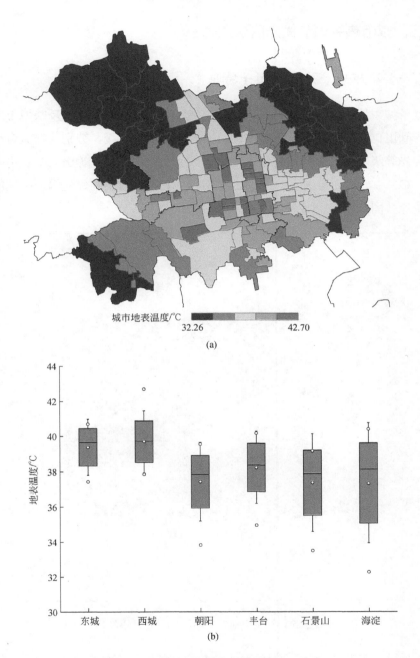

图 5.12　城区街道地表温度空间分布及统计

二、城市热岛调节优先区识别因子

（一）城市地表热环境因子特征

基于城市地表显热比数据来表征城市热环境状况，能够有效反映城市的热力性质。利用自然断点法将城市显热比数据划分为 5 个等级，分别代表城市热岛调节的优先等级。这 5 个等级包括高优先等级（5）、中高优先等级（4）、中等优先等级（3）、中低优先等级（2）和低优先等级（1），并对不同优先等级区域的面积进行统计（图 5.13）。

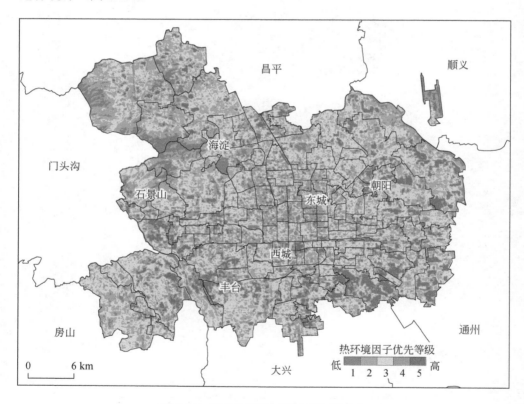

图 5.13　城市地表热环境因子空间分布

从空间分布来看，高优先等级区主要分布在朝阳区东部和南部及丰台区东部，如十八里店乡、卢沟桥地区、将台地区和大栅栏街道等，以高密度不透水面的老旧城区或工业仓储用地，植被覆盖度较低，城市地表显热通量较高，潜热较小，需要开展城市绿色基础设施建设缓解城市热岛效应。

低优先等级区主要分布在海淀区西部，如苏家坨地区、温泉镇和香山街道等。这些区域主要是山区，地表覆盖类型以林地、草地和农田为主，地表蒸散量明显高于城市区域，低显热比高值聚集区。城市内部绿地公园和水体能有效调节热岛强度，如什刹海街道、天坛街道和甘家口街道等分布着较多的显热比低值区，热岛调节能力较高（图 5.13）。

从不同优先等级区域面积来看，中等优先区等级区域面积最大，为 514.91 km²，占城区面积的 37.34%；低优先等级区域面积最小，为 69.60 km²，占城区面积的 5.05%（表 5.6）。同时，各个区之间也存在一定差异。朝阳区的高优先等级区面积最多，达到 70.35 km²；其次是丰台区，高优先等级区面积为 36.54 km²；东城区和西城区中高、高优先等级区的面积也占到其面积的 50%左右，这表明东城和西城区需要加强绿色基础设施建设，提升其城市热岛调节服务。

表 5.6　不同等级城市地表热环境因子面积和比例统计分析

优先等级	低优先等级		中低优先等级		中度优先等级		中高优先等级		高优先等级	
	面积/km²	比例/%	面积/km²	比例/%	面积/km²	比例/%	面积/km²	比例/%	面积/km²	比例/%
东城	0.30	0.72	3.68	8.77	14.62	34.88	19.26	45.93	4.06	9.69
西城	1.26	2.50	2.68	5.30	17.69	34.99	23.83	47.14	5.09	10.07
朝阳	14.67	3.16	95.16	20.50	174.08	37.51	109.83	23.67	70.35	15.16
丰台	5.57	1.82	44.53	14.58	129.73	42.48	88.98	29.14	36.54	11.97
石景山	2.65	3.16	14.45	17.21	29.37	34.99	26.87	32.01	10.60	12.63
海淀	45.15	10.42	125.56	28.99	149.42	34.50	89.09	20.57	23.90	5.52
合计	69.60	5.05	286.05	20.74	514.91	37.34	357.85	25.95	150.54	10.92

（二）城市地表覆盖因子

基于城市地表覆盖组分和不同地表覆盖类型的地表温度，计算得到地表覆盖因子（图 5.14）。从空间分布来看，城市地表覆盖因子与不透水面密度的空间分布格局相似，均呈现由城市中心向郊区逐渐下降的趋势，聚集度也逐渐下降。高优先等级区主要分布在城市内部的老城区或商业区，如新街口街道、金融街街道、安定门街道、交道口街道和大栅栏街道等。这些街道的平均不透水地表比例能达到 65%以上，对城市热岛具有显著正效应。低优先等级区主要分布在海淀区西部、石景山区北部、朝阳区东北部等区域，这些区域不透水面密度较低，植被覆盖比例相对较高。

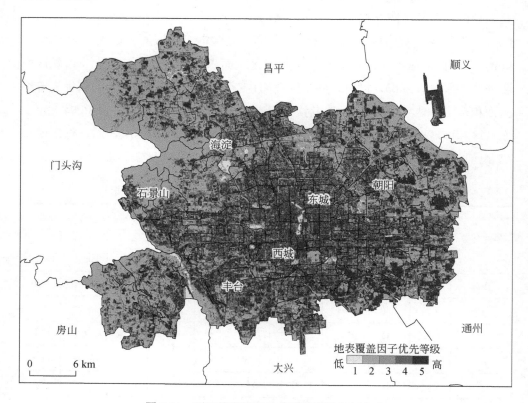

图 5.14　不同等级城市地表覆盖因子空间分布

从不同优先等级区域面积来看，中低优先等级区域面积最大，为 481.04 km^2，占城区面积的 34.88%；低优先等级区域面积最小，为 22.33 km^2，占城区面积的 1.62%；高优先等级和中高优先等级区的面积比例达到 50%以上（表 5.7）。各个区之间也存在较明显的差异。朝阳区高优先等级区面积最多，为 149.53 km^2；其次是丰台区，面积为 82.07 km^2。东城区和西城区的高优先等级区面积比例也占到其面积的 40%以上，表明东城和西城区的高密度不透水面聚集区应加强绿色基础设施建设，缓解城市热岛效应。

表 5.7　不同等级城市地表覆盖因子面积和比例统计分析

优先等级	低优先等级		中低优先等级		中度优先等级		中高优先等级		高优先等级	
	面积/km²	比例/%	面积/km²	比例/%	面积/km²	比例/%	面积/km²	比例/%	面积/km²	比例/%
东城	0.91	2.17	5.68	13.54	2.47	5.90	15.97	38.08	16.90	40.31
西城	1.74	3.45	4.75	9.40	2.77	5.47	19.68	38.94	21.60	42.74
朝阳	8.36	1.80	137.09	29.54	52.86	11.39	116.26	25.05	149.53	32.22
丰台	3.80	1.24	98.03	32.10	40.87	13.39	80.58	26.39	82.07	26.88
石景山	0.71	0.84	36.94	44.01	8.63	10.28	20.65	24.60	17.02	20.27
海淀	6.81	1.57	198.55	45.84	50.28	11.61	96.80	22.35	80.67	18.63
合计	22.33	1.62	481.04	34.88	157.88	11.45	349.93	25.38	367.79	26.67

（三）城市人口脆弱性因子

基于城市人口密度、老年人口密度和儿童人口密度，计算城市人口脆弱性因子（图 5.15）。从空间分布来看，高优先等级区主要分布在东城区、西城区和海淀区的南部，这些区域小区类建筑密度更高，人口密度较高，脆弱性也明显高于其他街道，应是城市热岛调控的重点区域。人口脆弱性低优先等级区主要分布在海淀区的西部、朝阳区东部和丰台区西部及南部的街道，这些区域大多属于郊区，人口密度相对较低。从不同优先等级区域面积来看，中低优先等级区域面积最大，为 856.20 km²，占城区面积的 62.09%，低优先等级区域面积最小，为 59.94 km²，占城区面积的 4.35%。高优先等级、中等优先等级和低优先等级区域的面积分别为 143.97 km²、196.10 km² 和 121.50 km²。

三、城市热岛调节优先区空间分布特征

将热环境因子、地表覆盖因子和脆弱性因子三个因子的高优先等级区域进行

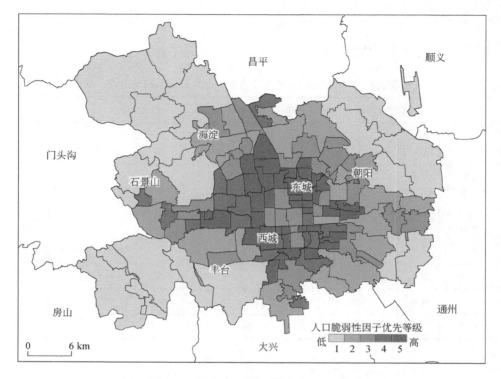

图 5.15　城市人口脆弱性因子空间分布

空间叠置，得到城市热岛调节优先区。从空间分布来看，城市热岛调节优先区主要分布在城市内部，即东城区、西城区、朝阳区西部及海淀区东南部。这些区域主要是高密度老城区和高密度人口聚集区（图 5.16）。城市热岛调节优先区在各个区的分布也存在明显差异，西城区的大栅栏街道周边区域是热岛调节优先区的聚集区，东城区城市热岛调节优先区主要分布在北部的广安门街道，海淀区的城市热岛调节优先区主要分布在学院路和花园路街道，丰台区城市热岛调节优先区集中在丰台街道周边地区。

对各个区内不同街道的城市热岛调节优先区面积和街区地块数目进行统计（表 5.8）。总的来看，北京市城区热岛调节优先区面积为 8.97 km^2，其中海淀区分布最多，面积为 2.88 km^2；其次是西城区，热岛调节优先区面积为 2.69 km^2。海淀区的显热比和地表覆盖因子平均值较东城和西城低，西城区热岛调节高风险区主要分布在人口密集的德胜街道附近，受人口脆弱性因子影响更大。

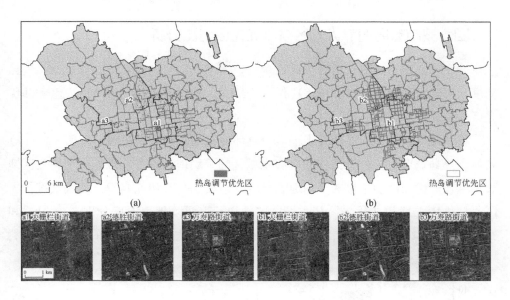

图 5.16 城市热岛调节优先区空间分布

对各个街道的城市热岛调节优先区面积进行统计（表 5.8）。城市热岛调节优先区面积最多的十个街道包括大栅栏街道、学院路街道、北太平庄街道、万寿路街道、北下关街道、展览路街道、天桥街道、花园路街道、中关村街道及和平里街道。其中，大栅栏街道面积最多，为 0.78 km^2；其次是学院路街道，面积为 0.57 km^2。基于道路分割的城市地块在大栅栏街道、天桥街道地块平均面积较大，表明该街道的不透水面具有高聚集的特性，是亟需开展城市热岛调控的区域，应当建设绿色基础设施，提升城市热岛调节服务。

表 5.8 城市热岛调节优先区分布面积排名前 10 位的街道

编号	街道	面积/km^2	地块数目	编号	街道	面积/km^2	地块数目
1	大栅栏街道	0.7767	2	6	展览路街道	0.4086	11
2	学院路街道	0.5688	11	7	天桥街道	0.3132	4
3	北太平庄街道	0.5328	14	8	花园路街道	0.297	10
4	万寿路街道	0.5292	12	9	中关村街道	0.2808	8
5	北下关街道	0.4662	12	10	和平里街道	0.2691	10

四、城市热岛调节优先区与非优先区对比分析

为了验证城市热岛调节优先区准确性，本书选取了地表温度、显热比、人口密度、不透水面比例和植被覆盖比例 5 个因子，对比城市热岛调节优先区和非优先区的差异。

城市地表温度和显热比是表征城市热环境状况的两个重要因子。图 5.17（a）为城市热岛调节优先区、非优先区和主城区的平均地表温度，像元尺度优先区地表温度较非优先区和主城的平均地表温度分别高 5.48℃和 5.44℃；地块尺度优先区平均地表温度较非优先区和主城区的地块尺度平均地表温度分别高 3.31℃和 3.21℃。图 5.17（b）为城市热岛调节优先区、非优先区和主城区的平均显热比，

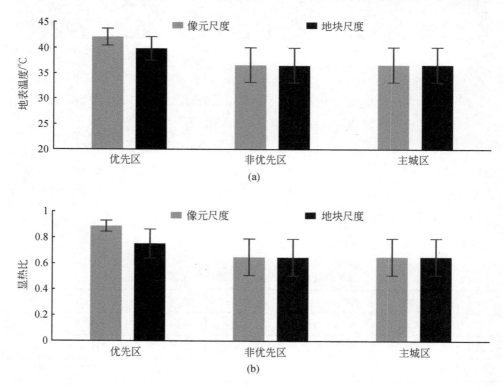

图 5.17　城市热岛调节优先区和非优先区地表温度和显热比

从像元尺度来看，优先区的显热比较非优先区和主城区显热比约高 0.24；地块尺度优先区的显热比较非优先区和主城区的地块尺度显热比约高 0.10。可以看出，城市热岛调节优先区均处于城市地表温度较高、显热比较高和城市热岛较强的区域，应当开展绿色基础设施建设以缓解城市热岛强度，也表明城市热岛调节优先区提取较为准确。

人口密度是表征城市脆弱性状况的重要因子。图 5.18 为城市热岛调节优先区、非优先区和主城区的人口密度，像元尺度优先区的人口密度较非优先区和主城区的人口密度分别高 19673 人/km^2 和 19546 人/km^2；地块尺度优先区人口密度较非优先区和主城区地块尺度人口密度分别高 18220 人/km^2 和 17651 人/km^2。可以看出，城市热岛调节优先区均处于人口密度的高值区，这些区域应开展绿色基础设施建设以缓解城市热岛强度，降低脆弱人口的热环境风险。

城市不透水面比例和绿地比例是表征城市下垫面状况的两个重要因子，对城市地表温度和热环境具有重要影响。图 5.19（a）为城市热岛调节优先区、非优先区和主城区的不透水面比例，像元尺度上，优先区不透水面比例较非优先区和主城区的不透水面比例约高 44%；地块尺度上，优先区不透水面比例较非优先区和主城区的不透水面比例分别高 25.67% 和 24.88%。

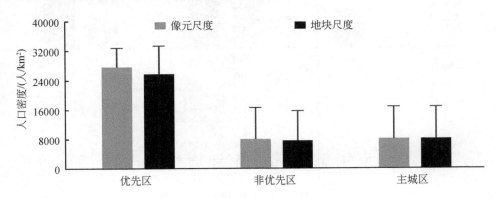

图 5.18　城市热岛调节优先区和非优先区人口密度

图 5.19（b）为城市热岛调节优先区、非优先区和主城区的植被覆盖比例，像元尺度优先区的植被覆盖比例较非优先区和主城区的植被覆盖比例分别低 36.94% 和 36.71%；地块尺度上，优先区植被覆盖比例较非优先区和主城区植被覆

盖比例分别低 19.68%和 19.07%。可以看出，城市热岛调节优先区均处于城市高密度不透水面和低密度植被覆盖区域，应开展城市绿色基础设施建设，表明城市热岛调节优先区提取较为准确。

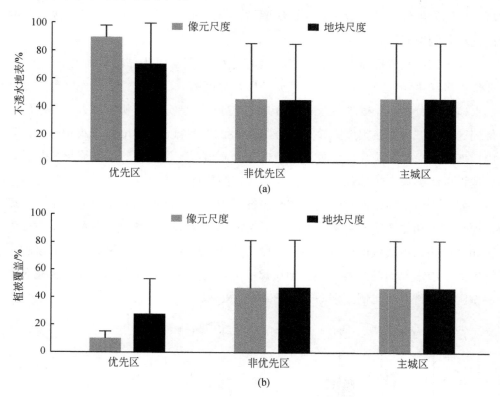

图 5.19　城市热岛调节优先区和非优先区不透水面与植被覆盖比例

第三节　北京生态海绵城市建设优先等级特征分析

一、生态海绵城市建设优先区下垫面主导类型

基于高分辨率城市地表覆盖分类数据，利用分区统计工具统计各地块的林木、草地、建筑、道路、其他不透水面、裸地的所占面积比例，并进行可视化（图 5.20）。从城市不透水面（建筑、道路和其他不透水面）的分布来看，其中建筑比例在东

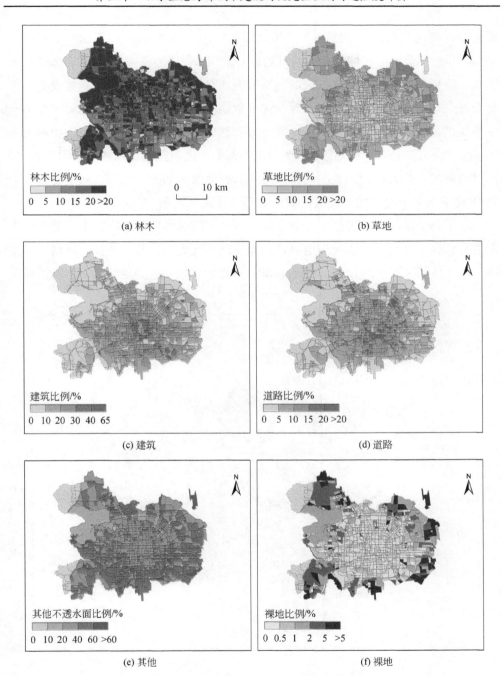

图 5.20　城市地块内不同地表覆盖类型比例

城区和西城区的密度要明显高于城市外围的区域，地块平均建筑比例为 40%～65%，其他不透水面在城郊地区相对较高，为 40%～60%，表明城市内部建筑密度聚集度更高，而城市新建设区域建筑密度相对较低，绿色基础设施建设更完善和合理。从城市绿地空间分布来看，大多数地块内部树木覆盖的比例要明显高于草地比例，城区北部地块内树木比例要明显高于南部区域。同时，草地比例大于20%的地块大多分布于城郊区，表明城市内部的绿地覆盖主要以树木或灌丛为主，而草地则主要分布在较为大型的公园内。从裸地的空间分布来看，裸地比例大于5%的地块大多分布在城郊地区，城市内部裸地比例均在 1%以下。

　　基于各个地块内地表覆盖比例进行分析，实现对各城市地块的下垫面主导类型进行划分，将城市建成区各地块划分为建筑小区类、公园绿地类、道路广场类和河流水体类（图 5.21）。总的来看，城市内部以建筑小区类地块为主，城市外围

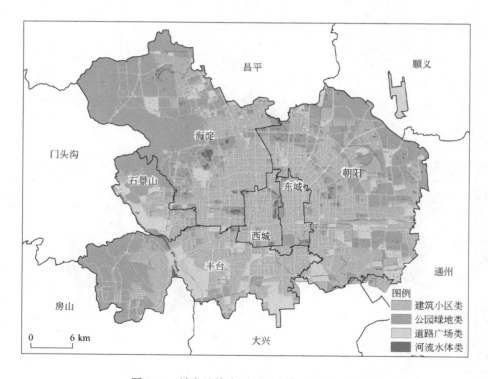

图 5.21　城市地块内不同地表覆盖主导类型

以公园绿地类地块为主。具体来看，五环内地块下垫面主导类型多以建筑小区类为主，公园绿地类的地块主要分布在海淀区西部和丰台区西部，以及朝阳区东北部的郊野公园，城市内部如奥林匹克森林公园、什刹海等地块也划分为公园绿地类。道路广场类的地块，多分布在城市郊区，如顺义机场、南苑机场和首钢工业遗产公园区等。河流水体类则主要分布在河流和水体周边，如永定河、什刹海等水域及其周边区域。

城市建成区各个区不同下垫面主导类型的面积也存在一定差异（表 5.9）。总的来看，城区下垫面主导类型主要是建筑小区类和公园绿地类。其中，公园绿地类地块类型区域面积最多，为 552.05 km^2，占区域面积比例的 40.05%；其次是建筑小区类，面积为 545.18 km^2，占区域面积的 39.55%；道路广场类和河流水系类的面积分别为 233.83 km^2 和 47.32 km^2。从各个区来看，东城区和西城区的建筑小区类地块比例显著高于其他四个区，分别为 67.14% 和 71.27%。这主要是由于这两个区内部的高密度不透水面和高建筑密度，因此将两个区内的地块大多划分为建筑小区类，应实施适宜建筑小区类的低影响开发措施以达到城市雨洪调节的功能。海淀区和石景山区的公园绿地类地块面积比例明显高于其他四个区，分别为 55.91% 和 48.02%，主要是由于这两个区存在大量绿地，城市地表植被覆盖比例较高，可以作为海绵生态城市建设中海绵涵养功能区。

表 5.9 不同等级地表覆盖主导类型面积和比例统计

分区	建筑小区类		公园绿地类		道路广场类		河流水系类	
	面积/km^2	比例/%	面积/km^2	比例/%	面积/km^2	比例/%	面积/km^2	比例/%
东城	28.15	67.14	7.29	17.38	4.66	11.12	1.83	4.35
西城	36.02	71.27	5.74	11.36	6.03	11.93	2.75	5.44
朝阳	200.66	43.26	156.62	33.76	86.74	18.70	19.84	4.28
丰台	125.85	41.24	100.04	32.78	72.46	23.75	6.81	2.23
石景山	21.41	25.51	40.30	48.02	20.45	24.37	1.77	2.11
海淀	133.09	30.74	242.07	55.91	43.49	10.04	14.33	3.31
合计	545.18	39.55	552.05	40.05	233.83	16.96	47.32	3.43

（一）城市雨洪调节优先区下垫面主导类型

基于城市下垫面主导类型的分类结果，筛选出城市雨洪调节优先区的下垫面主导类型进行进一步分析。考虑到城市立交桥高优先区主要是道路广场类，本书对城市雨洪调节优先区中高产流风险区和低洼区进行重点分析。

城市雨洪调节优先区的高产流风险区主要是不透水面比例较高的地块，因此该部分雨洪调节优先区地块的下垫面主导类型主要被划分为建筑小区类和道路广场类（图 5.22）。可以看出，大部分城市雨洪调节优先区主要是建筑小区类，主要分布在城市核心区（东城区和西城区），而道路和广场类则主要分布在城市周边。

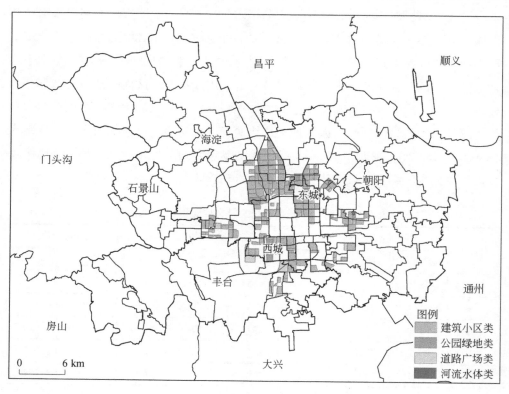

图 5.22　城市雨洪调节优先区下垫面主导类型

针对城市雨洪调节优先区的高产流风险区，对各个区不同地表覆盖主导类型面积进行统计（表 5.10）。总的来看，建筑小区类地块面积为 90.05 km^2，占高产流风险区面积的 76.77%；道路广场类为 26.87 km²；公园绿地类面积为 0.38 km²。这也表明高产流风险区主要分布在具有高密度不透水面的地块内，需要开展适宜的低影响开发措施，以削减其地表产流。从不同区来看，朝阳区内的建筑小区类地块的面积最多，为 30.99 km²，东城和西城内建筑小区类地块面积分别为 14.95 km² 和 16.15 km²。道路广场类地块主要分布在朝阳区和丰台区，面积分别为 13.00 km² 和 8.23 km²。公园绿地类地块仅分布在石景山区和海淀区。

表 5.10　城市雨洪调节优先区不同下垫面主导类型在
各行政区内的面积统计　　　　　　（单位：km²）

分区	建筑小区类	公园绿地类	道路广场类	河流水系类
东城	14.95	0.00	0.95	0.00
西城	16.15	0.00	0.55	0.00
朝阳	30.99	0.00	13.00	0.00
丰台	12.87	0.00	8.23	0.00
石景山	2.12	0.06	1.08	0.00
海淀	12.97	0.32	3.06	0.00
合计	90.05	0.38	26.87	0.00

基于低洼区位置提取地形低洼区雨洪调节优先区下垫面主导类型（图 5.23）。总的来看，城区东部低洼区密度较西部更密集，北部比南部密集。其中，建筑小区类主要聚集在东城区、西城区西北部和朝阳区南部，如北太平庄街道、金融街街道、朝外街道、三里屯街道和呼家楼街道。道路广场类在东城区和丰台区有明显的聚集区，主要分布在建国门街道（东城区）和花乡地区（丰台区）。公园绿地类相对较少，河流水系类主要沿着各大河流分布。

对各个行政区低洼区的不同下垫面主导类型面积进行统计（表 5.11）。总的来看，建筑小区类地块面积为 1.20 km²，道路广场类为 1.19 km²，公园绿地类面积为 0.16 km²，这也表明地形低洼区主要分布在建筑小区内，需要开展适宜的低影响开发措施，减少内涝洪灾发生的频率。从不同行政区来看，朝阳区内的建筑小区类地块的面积最多，为 0.52 km²，东城和西城内建筑小区类地块面积分别为 0.22 km² 和 0.21 km²。道路广场类和公园绿地类地块主要分布在朝阳区，面积分别为 0.39 km² 和 0.09 km²。

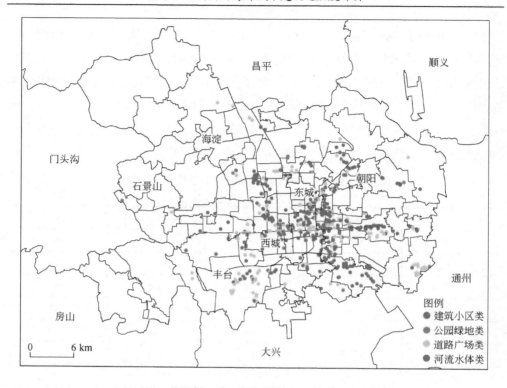

图 5.23　城市雨洪调节低洼区优先区下垫面主导类型

表 5.11　城市雨洪调节低洼区不同下垫面主导类型在
各行政区内的面积统计　　　　　　　（单位：km²）

分区	建筑小区类	公园绿地类	道路广场类	河流水系类
东城	0.22	0.00	0.15	0.06
西城	0.21	0.02	0.13	0.09
朝阳	0.52	0.09	0.39	0.21
丰台	0.08	0.00	0.25	0.00
石景山	0.01	0.04	0.17	0.00
海淀	0.16	0.01	0.09	0.01
合计	1.20	0.16	1.19	0.37

（二）城市热岛调节优先区下垫面主导类型

对于城市热岛调节优先区而言，基于高分辨率地表覆盖分类数据，对城市热岛调节优先区统计不同地表覆盖类型的面积比例（图5.24）。可以看出，城市热岛调节优先区以建筑小区类地块为主，主要分布在学院路街道和广安门街道周边区域。此外，道路广场类主要分布在丰台区，也有少部分公园绿地类地块分布。

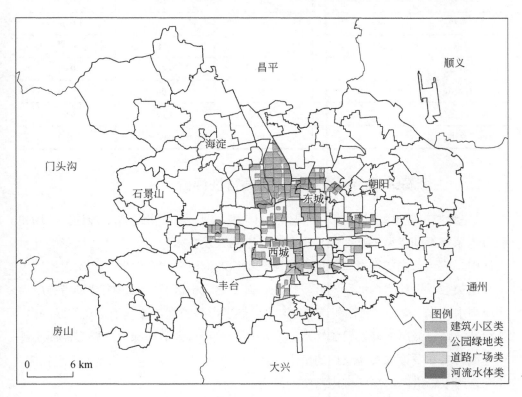

图 5.24 城市热岛调节优先区下垫面主导类型

对各个区城市热岛调节优先区的不同下垫面主导类型面积进行统计（表5.12）。总的来看，建筑小区类地块面积为 75.31 km²，占热岛调节优先区面积的87.22%，道路广场类为 6.05 km²，公园绿地类面积为 4.98 km²，这表明热岛调节优先区主要分布在建筑小区内，应开展绿色基础设施建设，缓解城市热岛强度。从不同行政区来看，海淀区建筑小区类地块的面积最多，为27.95 km²，东城和西城内建筑小区类地块面积分别为10.89 km² 和18.26 km²。道路广场类地块主要分布在丰台区，面积分别为3.42 km²。公园绿地类在海淀区分布最多，为1.76 km²。

表 5.12　城市热岛调节优先区不同下垫面主导类型在
各行政区内的面积统计 （单位：km^2）

分区	建筑小区类	公园绿地类	道路广场类	河流水系类
东城	10.89	0.89	0.60	0.00
西城	18.26	0.62	0.46	0.00
朝阳	12.15	0.88	0.38	0.00
丰台	6.06	0.83	3.42	0.00
石景山	0.00	0.00	0.00	0.00
海淀	27.95	1.76	1.19	0.00
合计	75.31	4.98	6.05	0.00

二、生态海绵城市建设技术类型适宜性评价

《海绵城市建设技术指南》中提供了针对建筑小区、城市道路、绿地，广场和城市水系等不同类型下垫面主导类型的低影响开发技术设计方案。在低影响开发设计中，应当首先实现对城市地表径流有组织的汇流引导和转输，其次根据地表下垫面类型，设计不同低影响开发措施。对于建筑小区类，低影响开发措施应当实现雨水净化、渗透、储存和调节等功能；城市道路类则需要基于道路红线的内、外绿地，设计低影响开发设施实现雨水渗透、储存与调节；绿地广场类需要通过构建低影响开发设施实现绿地的雨水渗透、储存和调节，消纳区域地表雨水径流，并配合雨水管道，提高区域内涝防治能力。

（一）城市雨洪调节优先区低影响开发技术适宜性评价

对城市雨洪调节优先区中的建筑小区、道路广场、公园绿地和城市水系等不同类型下垫面主导类型进行低影响开发措施设计（图 5.25）。图 5.25（a）为城市雨洪调节优先区中的建筑小区类，包括建筑小区类的地块和低洼区，"渗"、"蓄"、"调"、"排"和"净"均有适宜类型的低影响开发措施。其中，透水铺装、绿色屋顶、下沉式绿地、生物滞留措施、雨水湿地、雨水塘、植草沟、渗管或渗渠，以及植被缓冲带等措施较适宜该类型区域。图 5.25（b）为筛选出的道路广场类的城市雨洪调节优先区，这些区域适合透水铺装、下沉式绿地、雨水湿地、

(a) 建筑小区类

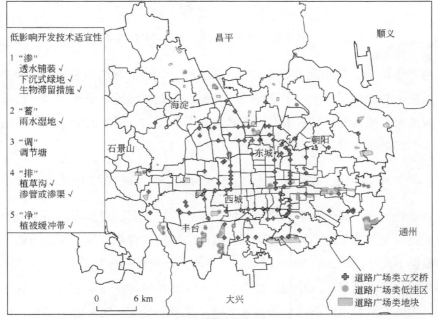

(b) 道路广场类

(c) 公园绿地类、(d)河流水体类

图 5.25　城市雨洪调节优先区低影响开发技术适宜性

植草沟、渗管/渠及植被缓冲带等。图 5.25（c）、（d）为筛选出的公园绿地类和河流水系类，对于公园绿地，可建设透水铺装、下沉式绿地、雨水湿地、植草沟、渗管或渗渠、植被缓冲带，提升区域径流调节的能力；对于河流水系，可选取雨水湿地和植被缓冲带进而提升其生态系统雨洪调节服务。

（二）城市热岛调节优先区低影响开发技术适宜性评价

城市热岛调节优先区中的建筑小区、道路广场、公园绿地和城市水系等不同类型下垫面主导类型对不同低影响开发措施的适宜性存在差异，对城市热岛的调节效果也不同（图 5.26）。城市雨洪调节中的部分低影响开发措施，如绿色屋顶、雨水花园、透水铺装、植草沟、湿塘、人工湿地和砂滤系统等也适用于城市热岛调节优先区。从城市热岛调节的效果来看，建筑小区类可实施绿色屋顶、雨水花园等措施；公园绿地类可实施湿塘、干塘、人工湿地等措施；道路广场类可实施植草沟等措施，能够有效缓解城市热岛。

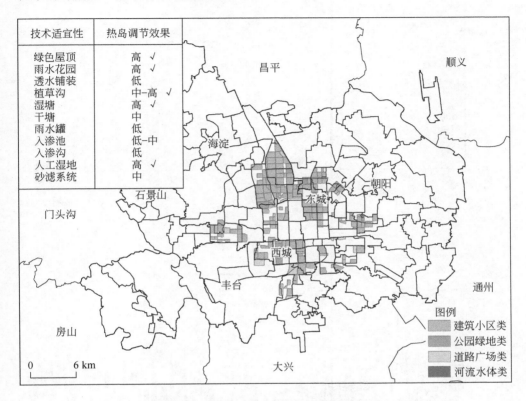

图 5.26 城市热岛调节优先区低影响开发技术适宜性

三、生态海绵城市建设措施适应度评价

（一）城市雨洪调节优先区措施适应度评价

针对城市雨洪调节优先区的高产流风险区，共选取 12 种低影响开发措施，评估 380 个产流高风险区地块对不同措施的适应度（图 5.27）。可以看出，绿色屋顶的适应度明显高于其他类型措施，平均适应度为 0.53，这主要是由于城市雨洪调节优先区的高产流区下垫面类型以建筑小区为主，各地块内建筑比例相对较高。植草沟建设的适应度最低，平均值为 0.04，这主要是由于植草沟建设的限制条件

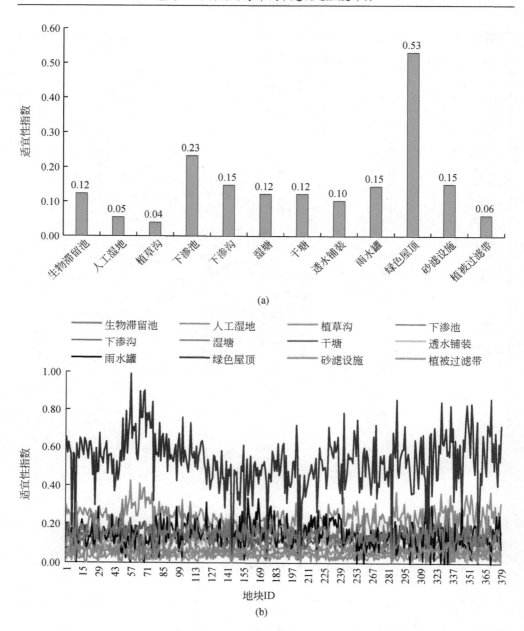

(a)

(b)

图 5.27 不同城市雨洪调节措施的适应性指数

是建设在道路 30 m 缓冲内，而各地块内缺少建设植草沟的条件。生物滞留池、下渗沟、下渗池、湿塘、干塘、透水铺装、雨水罐和砂滤设施的适宜性指数为 0.10～0.15，人工湿地和植被过滤带的适宜性均在 0.10 以下。总的来看，在城市产流高风险区可优先建设绿色屋顶、下渗池、雨水罐和砂滤设施相关的低影响开发措施，以减缓城市雨洪风险。

　　利用自然断点法，将高产流地块的综合适宜性划分为 5 个等级（低适宜等级、中低适宜等级、中等适宜等级、中高适宜等级和高适宜等级）（图 5.28）。从空间分布来看，城市雨洪调节优先区地块适宜性以中等、中高和高适宜性地块为主，而中低和低适宜性等级地块较少。东城区和西城区地块低影响开发措施综合适宜性以中等和中高适宜性为主，高适宜性地块主要分布在城市外围。

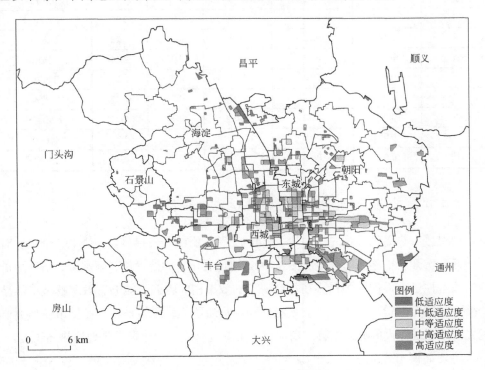

图 5.28　城市雨洪调节优先区低影响开发建设适应度

　　可以发现，综合适应度较高的地块主要分布在卢沟桥街道、青龙桥街道、东升镇、北太平庄街道、五里坨街道、来广营地区、上庄地区、古城街道和八角街道（表5.13）。这些地块可作为海绵生态城市建设雨洪调节优先区开展低影响开发/绿色基础设施建设的示范区，以提升其雨洪调节服务功能，减小其雨洪内涝风险。其中，卢沟桥街道的地块综合适应度最高，为2.39，其次是青龙桥街道的地块，综合适应度为2.37。就具体措施来看，绿色屋顶的适应度最高。在适应度最高的10个地块中，地表覆盖类型以道路广场为主，地表产流系数相对较高，生物滞留池也是较为适宜的低影响开发措施，具有一定的径流调节和雨水净化功能。

表5.13 城市雨洪调节优先区海绵生态城市建设适应度排名前10位的街道

地块编号	透水铺装	生物滞留池	人工湿地	植草沟	适应度	所在街道
1	0.05	0.19	0.02	0.04	2.39	卢沟桥街道
2	0.04	0.19	0.00	0.05	2.37	青龙桥街道
3	0.04	0.19	0.00	0.06	2.36	卢沟桥街道
4	0.10	0.13	0.01	0.04	2.28	东升镇
5	0.17	0.17	0.09	0.02	2.26	北太平庄街道
6	0.05	0.10	0.11	0.02	2.25	五里坨街道
7	0.00	0.13	0.02	0.04	2.25	来广营地区
8	0.00	0.08	0.07	0.02	2.25	上庄地区
9	0.08	0.08	0.04	0.01	2.24	古城街道
10	0.01	0.16	0.01	0.04	2.24	八角街道

（二）城市热岛调节优先区措施适应度评价

针对城市热岛调节优先区地块，选取12种低影响开发措施，评估175个地块对不同低影响开发措施的适应度（图5.29）。可以看出，砂滤设施、雨水罐、下渗池措施的适宜性最高，但这类措施在热岛调节的效果相对较弱，能够有效缓解城市热岛的措施且适应度较高的措施主要是湿塘和生物滞留池。总的来看，在城市热岛调节优先区可通过建设湿塘、生物滞留池和人工湿地有效缓解建筑小区地块热岛强度。

将热岛调节优先区地块的综合适应度划分为5个等级（图5.30）。从空间分布来看，城市雨洪调节优先区地块适应度以中等、中高和高适应度地块为主，中低和低适应度等级地块较少。海淀区地块低影响开发措施综合适应度以中等和中高适应度为主。

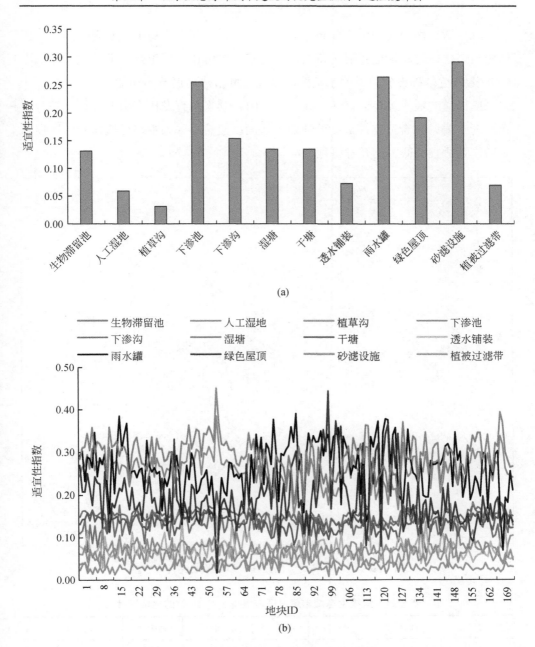

图 5.29　不同城市热岛调控措施的适应性指数

    综合适宜性最高的地块分布在北太平庄街道、和平里街道、学院路地区、团结湖街道、田村路街道和展览路街道，这些地块可作为城市热岛调节优先区低影响开发/绿色基础设施建设的示范区，以提升城市热岛调节的功能（表 5.14）。北太平庄街道的地块综合适宜性最高，为 2.01，其次是青龙桥街道的地块，综合适宜性为 1.96。综合适宜性最高的地块下垫面以建筑小区为主，可选择绿色屋顶和湿塘作为适宜的低影响开发措施。

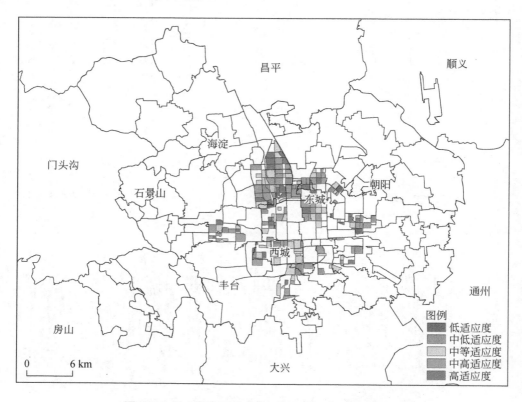

图 5.30　城市热岛调节优先区低影响开发建设适应度

表 5.14　海绵生态城市建设适应度排名前 10 位的地块统计

地块编号	绿色屋顶	植草沟	湿塘	人工湿地	适应度	所在街道
1	0.22	0.04	0.13	0.04	2.01	北太平庄街道
2	0.23	0.04	0.13	0.04	1.96	和平里街道

地块编号	绿色屋顶	植草沟	湿塘	人工湿地	适应度	所在街道
3	0.24	0.03	0.14	0.03	1.96	北太平庄街道
4	0.16	0.02	0.17	0.04	1.95	学院路街道
5	0.16	0.03	0.14	0.06	1.95	团结湖街道
6	0.18	0.03	0.15	0.05	1.94	北太平庄街道
7	0.17	0.03	0.15	0.07	1.93	田村路街道
8	0.25	0.03	0.15	0.02	1.93	北太平庄街道
9	0.23	0.02	0.14	0.05	1.93	北太平庄街道
10	0.20	0.02	0.14	0.08	1.93	展览路街道

第六章　总结与展望

第一节　总　　结

　　本书首先介绍了城市生态系统雨洪调节和热调节服务的基本概念，分析了城市下垫面结构与生态系统服务的空间链接特征，并提出了生态海绵城市建设的新的理念和范式，从而从城市规划或管理角度剖析了服务于水热调节的城市地表结构调控模式。其次，构建了等级尺度城市下垫面结构基本原理，设计了面向生态海绵城市的下垫面等级结构分类系统，实现了城市不透水面/绿地组分遥感分类与城市建筑材质和公园绿地遥感制图。再次，基于北京市土地利用和土地覆盖数据与社会经济数据，分析了北京市城市化过程和城市扩展的时空特征、城乡梯度自然生态用地与城乡建设开发特征，并揭示了北京城市扩张过程对地表透水性的影响特征。最后，总结了生态海绵城市适应度评价的基本原理，设计了生态海绵城市的适应度评价的知识规则，构建了城市雨洪调节和热岛调节优先区的识别方法，实现了生态海绵城市雨洪调节和热岛调节优先区的空间识别与生态海绵城市建设的适应度的评价与空间制图。本书的主要结论如下：

　　1）基于多源遥感数据（中尺度分辨率遥感影像和高分辨率遥感影像），构建了城市下垫面精细化遥感分类系统，集成多种遥感图像分类方法（混合像元分解、面向对象分类等），能够为生态海绵城市建设提供准确的城市下垫面信息。其中，基于中分辨率遥感影像（10～30m）和混合像元分解得到的城市下垫面不透水面分类精度（R^2）能够达到0.90以上，RMSE优于0.10。基于高分辨率遥感影像（优于1m）和面向对象分类方法能够有效实现城市下垫面（建筑、道路、植被、水体、阴影）的精细分类，分类精度能够达到87%以上。

　　2）由于北京快速的城市化影响，过去25年北京市经历了城市快速的扩张过程。其中，建设用地面积显著增加，以年均 87.4 km² 的速度增加了 2185.5 km²，以占用耕地为主。由此导致，耕地面积减少了 1897.8 km²。21 世纪以来北京市主城区建设用地持续扩张，以已有建成区范围向外呈"摊大饼式"+"串珠状"的空间格局。中心六大城区不透水面增长主要集中在朝阳区东部、海淀区东北部、丰台区东南部及石景山区中部。与此同时，城市新区开发建设更加注重绿化建设，城市扩张区内不透水面密度有所下降，绿地空间比例明显提升。

3）基于城市雨洪和热岛调节优先区识别模型能够精准地刻画生态海绵城市建设的优先等级及空间分布。城市雨洪调节优先区主要位于十八里店、花乡和高碑店等高产流风险区；花乡、高碑店和八角等地形低洼区；豆各庄、卢沟桥和左家庄等立交桥风险区。城市热岛优先区主要分布在大栅栏、学院路和北太平庄等街道。

4）基于海绵生态城市建设适应度评价模型能有效评价城市雨洪和热岛调节优先区及低影响开发的适宜区和适应度等级。城市地表下垫面主导类型以建筑小区类和公园绿地类为主，分别占城区面积的 39.55% 和 40.05%。雨洪和热岛调节优先区下垫面主导类型为建筑小区，对"渗"、"蓄"、"排"、"调"和"净"等不同类型技术措施均有较好的适宜性。

第二节 展 望

本书在深入剖析城市下垫面特征、城市生态系统雨洪调节和热岛调节服务的基础上，提出了链接城市雨洪调节服务于城市空间格局优化的生态海绵城市建设新理念。通过运用多源遥感数据与多种遥感分类方法，实现了面向生态海绵城市的下垫面分类与制图，并建立了面向城市雨洪和热岛调节优先区识别与海绵适应度评价模型，实现了海绵生态城市适应度定量识别空间制图。鉴于本书取得的成果，但仍存在一些不足，提出以下几点展望：

1）城市下垫面主导类型的精确划分。本书基于城市不同地表覆盖比例，应用定性加定量的方法划分城市下垫面主导类型，可能存在一定的偏差，后续研究可通过融合社交媒体数据集成地表覆盖数据，应用大数据平台精准识别城市地块尺度下垫面主导类型。

2）城市雨洪和热岛调节优先区识别模型的优化。本书在识别城市雨洪调节优先区和热岛调节优先区时，选取的空间评价因子有待更加客观全面，如需要考虑城市排水管网等因子。基于决策树实现优先区的识别，后续可应用机器学习等新方法实现优先区的自动化识别。

3）生态海绵城市建设措施适宜性评价模型的优化。在对低影响开发开展空间优化措施设计时，空间限制条件的设计主要参考美国环境保护署关于低影响开发设计参数，但由于中国城市与美国城市内部空间存在一定差异，在后续研究中可结合实地调研实现模型参数本地化，提高适应度评价准确程度。

参 考 文 献

北京市统计局.2018.北京统计年鉴.北京：中国统计出版社.

曹先磊，刘高慧，张颖，等.2017.城市生态系统休闲娱乐服务支付意愿及价值评估——以成都
市温江区为例.生态学报，37（9）：2970-2981.

车伍，吕放放，李俊奇，等.2009.发达国家典型雨洪管理体系及启示.中国给水排水，25（20）：
12-17.

车伍，张鹂，赵杨.2015a.我国排水防涝及海绵城市建设中若干问题分析.建设科技，1：
22-25，28.

车伍，赵杨，李俊奇，等.2015b.海绵城市建设指南解读之基本概念与综合目标.中国给水排水，
8：1-5.

陈言菲，李翠梅，龙浩，等.2016.基于 SWMM 的海绵城市与传统措施下雨水系统优化改造模拟.
水电能源科学，34（11）：86-89.

方创琳，周成虎，顾朝林，等.2016.特大城市群地区城镇化与生态环境交互耦合效应解析的理
论框架及技术路径.地理学报，71：531-550.

宫永伟，李俊奇，师洪洪，等.2012.城市雨洪管理新技术中的几个关键问题讨论.中国给水排
水，28（22）：50-53.

何爽，刘俊，朱嘉祺.2013.基于 SWMM 模型的低影响开发模式雨洪控制利用效果模拟与评估.
水电能源科学，31（12）：42-45.

胡灿伟.2015.“海绵城市”重构城市水生态.生态经济，7：10-13.

胡楠，李雄，戈晓宇.2015.因水而变——从城市绿地系统视角谈对海绵城市体系的理性认知.中
国园林，6：21-25.

匡文慧.2012.城市土地利用时空信息数字重建、分析与模拟.北京：科学出版社.

匡文慧，等.2015.城市地表热环境遥感分析与生态调控.北京：科学出版社.

匡文慧，陈利军，刘纪远，等.2016.亚洲人造地表覆盖遥感精细化分类与分布特征分析.中国
科学：地球科学，46：1162.

匡文慧，迟文峰，史文娇.2014.中国与美国大都市区城市内部土地覆盖结构时空差异.地理学
报，69：883-895.

匡文慧，刘纪远，陆灯盛.2011.京津唐城市群不透水地表增长格局以及水环境效应.地理学报，

66：1486-1496.

匡文慧，刘纪远，张增祥，等.2013.21世纪初中国人工建设不透水地表遥感监测与时空分析.科学通报：465-478.

李强.2013.低影响开发理论与方法述评.城市发展研究，6：36-41.

李芮，潘兴瑶，邸苏闯，等.2018.北京城区典型内涝积水原因诊断研究——以上清桥区域为例.自然资源学报，33（11）：1940-1952.

李伟峰，欧阳志云，王如松，等.2005.城市生态系统景观格局特征及形成机制.生态学杂志，24：428-432.

梁鸿，潘晓峰，余欣繁，等.2016.深圳市水生态系统服务功能价值评估.自然资源学报，31（09）：1474-1487.

刘昌明，张永勇，王中根，等.2016.维护良性水循环的城镇化LID模式：海绵城市规划方法与技术初步探讨.自然资源学报，31（05）：719-731.

刘纪远，邵全琴，延晓冬，等.2014.土地利用变化影响气候变化的生物地球物理机制.自然杂志，36：356-363.

刘文，陈卫平，彭驰.2015.城市雨洪管理低影响开发技术研究与利用进展.应用生态学报，26（6）：1901-1912.

刘珍环，曾祥坤.2013.深圳市不透水表面扩展对径流量的影响.水资源保护，29：44-50.

刘珍环，李猷，彭建.2010a.河流水质的景观组分阈值研究进展.生态学报，30：5983-5993.

刘珍环，王仰麟，彭建.2010b.不透水表面遥感监测及其应用研究进展.地理科学进展，29：1143-1152.

刘珍环，王仰麟，彭建，等.2011.基于不透水表面指数的城市地表覆被格局特征：以深圳市为例.地理学报，66：961-971.

刘珍环，王仰麟，彭建.2012.深圳市不透水表面的遥感监测与时空格局.地理研究，31：1535-1545.

陆大道.2008.我国区域发展的战略、态势及京津冀协调发展分析.北京社会科学，4-7.

吕伟娅，管益龙，张金戈.2015.绿色生态城区海绵城市建设规划设计思路探讨.中国园林，6：16-20.

潘竟虎，李晓雪，刘春雨.2009.兰州市中心城区不透水面覆盖度的遥感估算.西北师范大学学报（自然科学版），45：95-100.

庞璇，张永勇，潘兴瑶，等. 2019.城市雨洪模拟与年径流总量控制目标评估——以北京市未来科技城为例. 资源科学，41（04）：803-813.

覃志豪，李文娟，徐斌，等. 2004.陆地卫星 TM6 波段范围内地表比辐射率的估计. 国土资源遥感，（03）：28-32.

仇保兴. 2015.海绵城市（LID）的内涵、途径与展望. 给水排水，51（03）：1-7.

孙振华，冯绍元，杨忠山，等. 2007.1950~2005 年北京市降水特征初步分析. 灌溉排水学报，26（2）：12-16.

孙志英，赵彦锋，陈杰，等. 2007. 面向对象分类在城市地表不可透水度提取中的应用. 地理科学，27：837-842.

王蕾，张树文，姚允龙. 2015.绿地景观对城市热环境的影响——以长春市建成区为例. 地理研究，33（11）：2095-2104.

吴丹洁，詹圣泽，李友华，等.2016.中国特色海绵城市的新兴趋势与实践研究. 中国软科学，1：79-97.

徐涵秋，王美雅. 2016. 地表不透水面信息遥感的主要方法分析. 遥感学报，20：1270-1289.

俞孔坚，李迪华，袁弘，等.2015.“海绵城市”理论与实践. 城市规划，39（06）：26-36.

袁振，吴相利，臧淑英，等. 2017.基于 TM 影像的哈尔滨市主城区绿地降温作用研究. 地理科学，（10）：1-8.

岳娜. 2007.北京地区水资源特点及可持续利用对策. 首都师范大学学报（自然科学版），28（3）：108-114.

张建云.2012.城市化与城市水文学面临的问题. 水利水运工程学报，（1）：1-4.

张晓璇，胡永红，樊彦国. 2015. VANUI 指数监测京津冀城市群区域 2001~2012 年城市化过程. 遥感技术与应用，1153-1159.

赵丹，李锋，王如松. 2013.城市土地利用变化对生态系统服务的影响——以淮北市为例. 生态学报，33（08）：2343-2349.

赵银兵，蔡婷婷，孙然好，等. 2019.海绵城市研究进展与发展趋势：从水文过程到生态恢复. 生态学报，（13）：1-6.

钟一丹，贾仰文，李志威.2013.北京地区近 53 年最大 1 小时降雨强度的时空变化规律. 水文，33（1）：32-37.

Agnew L J，Lyon S，Gérard-Marchant P，et al. 2006. Identifying hydrologically sensitive areas：

Bridging the gap between science and application. Journal of Environmental Management，78（1）：63-76.

Armson D，Stringer P，Ennos A R. 2013.The effect of street trees and amenity grass on urban surface water runoff in Manchester， UK. Urban Forestry & Urban Greening， 12（3）：282-286.

Bai Y，Wong C P，Jiang B，et al. 2018.Developing China's Ecological Redline Policy using ecosystem services assessments for land use planning. Nature Communications，9（1）：3034.

Ban Y F， Gong P， Gini C. 2015. Global land cover mapping using Earth observation satellite data：Recent progresses and challenges. Isprs Journal of Photogrammetry and Remote Sensing，103：1-6.

Bauer T， Steinnocher K. 2001. Per-parcel land use classification in urban areas applying a rule-based technique. GeoBIT/GIS.6：24-27.

Bauer M E，Loffelholz B C，Wilson B，et al. 2007. Estimating and mapping impervious surface area by regression analysis of landsat imagery. In：Wen Q H. Remots Sense of Impevious Surface. Florida：CRC Press. 3-19.

Berry J K，Detgado J A，Khosla R，et al. 2003.Precision conservation for environmental sustainability. Journal of Soil and Water Conservation， 58（6）：332-339.

Bolund P， Hunhammar S. 1999.Ecosystem services in urban areas. Ecological Economics，29（2）：293-301.

Bowler D E， Buyung-Ali L， Knight T M， et al. 2010.Urban greening to cool towns and cities：A systematic review of the empirical evidence. Landscape and Urban Planning，97（3）：147-155.

Brown R R，Keath N，Wong T H F. 2009.Urban water management in cities：Historical，current and future regimes. Water Science and Technology，59（5）：847-855.

Brun S E，Band L E. 2000.Simulating runoff behavior in an urbanizing watershed. Computers，Environment and Urban Systems，24（1）：5-22.

Burkhard B，Kroll F， Müller F， et al. 2009.Landscapes' capacities to provide ecosystem services - a concept for land-cover based assessments. Landscape Online，15（1）：1-12.

Burkhard B，Kroll F，Nedkov S，et al. 2012.Mapping ecosystem service supply，demand and budgets. Ecological Indicators，21（3）：17-29.

Cao X，Onishi A， Chen J， et al. 2010.Quantifying the cool island intensity of urban parks using ASTER and IKONOS data. Landscape and Urban Planning，96（4）：224-231.

Chan F K S, Griffiths J A, Higgitt D, et al. 2018. "Sponge City" in China—A breakthrough of planning and flood risk management in the urban context. Land Use Policy, 76: 772-778.

Chang C R, Li M H, Chang S D. 2007.A preliminary study on the local cool-island intensity of Taipei city parks. Landscape and Urban Planning, 80 (4): 386-395.

Chapman C, Horner R R. 2010.Performance assessment of a street-drainage bioretention system. Water Environment Research, 82 (2): 109-119.

Chen J G, Wang H C, et al. 2011.Causal analysis and case study of the road ponding in Beijing city. Water & Wastewater Engineering, 37: 37-40.

Chui T F M, Liu X, Zhan W. 2016.Assessing cost-effectiveness of specific LID practice designs in response to large storm events. Journal of Hydrology, 533: 353-364.

Coffman L. 1999.Low Impact Development Design Strategies: An Integrated Design Approach. Prince George's County.Department of Environmental Resources, Programs and Planning Division, Maryland.

Coutts A M, Beringer J, Tapper N J. 2007.Impact of increasing urban density on local climate: Spatial and temporal variations in the surface energy balance in Melbourne, Australia. Journal of Applied Meteorology and Climatology, 46 (4): 477-493.

Cowling R M, Egoh B, Knight A T, et al. 2008.An operational model for mainstreaming ecosystem services for implementation. Proceedings of the National Academy of Sciences, 105 (28): 9483-9488.

Cronshey R. 1986.Urban hydrology for small watersheds. US Dept. of Agriculture, Soil Conservation Service, Engineering Division.

Dietz M E. 2007.Low impact development practices: A review of current research and recommendations for future directions. Water, Air and Soil Pollution, 186 (1-4): 351-363.

Dong W, Liu Z, Zhang L, et al. 2014.Assessing heat health risk for sustainability in Beijing's urban heat island. Sustainability, 6 (10): 7334-7357.

Dow C L, DeWalle D R. 2000.Trends in evaporation and Bowen Ratio on urbanizing watersheds in eastern United States. Water Resources Research, 36 (7): 1835-1843.

EEA (European Environment Agency).2011.Green infrastructure and territorial cohesion. The concept of green infrastructure and its integration into policies using monitoring systems. EEA

Technical Report, 18. Copenhagen, Denmark: European Environment Agency.

Fan F L, Deng Y, Hu X, et al.2013. Estimating composite curve number using an improved SCS-CN method with remotely sensed variables in Guangzhou, China. Remote Sensing, 1425-1438.

Fassman E A, Blackbourn S. 2010. Urban runoff mitigation by a permeable pavement system over impermeable soils. Journal of Hydrologic Engineering, 15 (6): 475-485.

Fletcher T D, Shuster W, Hunt W F, et al. 2015.SUDS, LID, BMPs, WSUD and more–The evolution and application of terminology surrounding urban drainage. Urban Water Journal, 12 (7): 525-542.

France R L.2005. Handbook of water sensitive planning and design. Water Environment & Technology.

Gaffin S R, Rosenzweig R C, Kong A Y Y. 2012.Adapting to climate change through urban green infrastructure. Nature Climate Change, 2 (10): 704.

Gill S E, Handley J F, Ennos A R, et al. 2007.Adapting cities for climate change: The role of the green infrastructure. Built Environment, 33 (1): 115-133.

Goldenberg R, Kalantari Z, Cvetkovic V, et al. 2017.Distinction, quantification and mapping of potential and realized supply-demand of flow-dependent ecosystem services. Science of the Total Environment, 593: 599-609.

Goldstein J H, Caldarone G, Duarte T K, et al. 2012.Integrating ecosystem-service tradeoffs into land-use decisions. Proceedings of the National Academy of Sciences, 109 (19): 7565-7570.

Gómez-Baggethun E, Barton D N. 2013.Classifying and valuing ecosystem services for urban planning. Ecological Economics, 86 (1): 235-245.

Grimm N B, Faeth S H, Golubiewski N E, et al. 2008.Global change and the ecology of cities. Science, 319 (5864): 756-760.

Grimmond S. 2007.Urbanization and global environmental change: Local effects of urban warming. The Geographical Journal, 173 (1): 83-88.

Guo W, Lu D S, Wu Y L, et al. 2015. Mapping impervious surface distribution with integration of SNNP VIIRS-DNB and MODIS NDVI data. Remote Sensing, 7: 12459-12477.

Haase D, Larondelle N, Andersson E, et al. 2014.A quantitative review of urban ecosystem service assessments: Concepts, models, and implementation. Ambio, 43 (4): 413-433.

Hallegatte S, Green C, Nicholls R J, et al. 2013. Future flood losses in major coastal cities. Nature

Climate Change, 3 (9): 802-806.

Hao P, Niu Z, Zhan Y, et al. 2016.Spatiotemporal changes of urban impervious surface area and land surface temperature in Beijing from 1990 to 2014. GIScience & Remote Sensing, 53 (1): 63-84.

Inkiläinen E N M, Mchale M R, Blank G B, et al. 2013.The role of the residential urban forest in regulating throughfall: A case study in Raleigh, North Carolina, USA. Landscape & Urban Planning, 119 (6): 91-103.

Jha A, Lamond J, Proverbs D, et al. 2012. Cities and Flooding: A guide to integrated urban flood risk management for the 21st Century. General Information, 52 (5): 885-887.

Jia H, Yao H, Tang Y, et al. 2013.Development of a multi-criteria index ranking system for urban runoff best management practices (BMPs) selection. Environmental Monitoring and Assessment, 185 (9): 7915-7933.

Jones B, O'Neill B C, McDaniel L, et al. 2015. Future population exposure to US heat extremes. Nature Climate Change, 5 (7): 652-655.

Jones H P, Hole D G, Zavaleta E S. 2012.Harnessing nature to help people adapt to climate change. Nature Climate Change, 2 (7): 504-509.

Kalnay E, Cai M. 2003.Impact of urbanization and land-use change on climate. Nature, 423 (6939): 528-531.

Kuang W H, Liu J Y, Zhang Z X, et al. 2013. Spatiotemporal dynamics of impervious surface areas across China during the early 21st century. Chinese Science Bulletin, 58: 1691-1701.

Kuang W H, Chi W F, Lu D S, et al. 2014.A comparative analysis of megacity expansions in China and the U.S: Patterns, rates and driving forces. Landscape and Urban Planning, 132: 121-135.

Kuang W H, Dou Y Y, Zhang C, et al. 2015a. Quantifying the heat flux regulation of metropolitan land use/land cover components by coupling remote sensing modeling with in situ measurement. Journal of Geophysical Research: Atmospheres, 120 (1): 113-130.

Kuang W, Liu Y, Dou Y, et al. 2015b.What are hot and what are not in an urban landscape: Quantifying and explaining the land surface temperature pattern in Beijing, China. Landscape Ecology, 30 (2): 357-373.

Kuang W H, Chen L J, Liu J Y, et al. 2016. Remote sensing-based artificial surface cover classification in Asia and spatial pattern analysis. Science China-Earth Sciences, 59: 1720-1737.

Kuang W H，Liu A L，Dou Y Y，et al. 2018. Examining the impacts of urbanization on surface radiation using Landsat imagery. GIScience & Remote Sensing，1-23.

Laaidi K，Zeghnoun A，Dousset B，et al. 2012.The impact of heat islands on mortality in Paris during the August 2003 heat wave. Environmental Health Perspectives，120（2）：254.

Lan M，Yang J Y. 2009. Causes of waterlogging in the road of Beijing and countermeasures for prevention and control. Water & Wastewater Engineering，35：71-73.

Larondelle N，Lauf S. 2016.Balancing demand and supply of multiple urban ecosystem services on different spatial scales. Ecosystem Services，22：18-31.

Lelieveld J，Evans J S，Fnais M，et al. 2015. The contribution of outdoor air pollution sources to premature mortality on a global scale. Nature，525（7569）：367-371.

Li C Y. 2012.Ecohydrology and good urban design for urban storm water-logging in Beijing，China. Ecohydrology & Hydrobiology，12（4）：287-300.

Li G Y，Weng Q H. 2005. Using landsat ETM plus imagery to measure population density in Indianapolis，Indiana，USA. Photogrammetric Engineering and Remote Sensing，71：947-958.

Li L W，Lu D S，Kuang W H. 2016. Examining urban impervious surface distribution and its dynamic change in Hangzhou metropolis. Remote Sensing，8.

Li Q，Wang F，Yu Y，et al. 2019.Comprehensive performance evaluation of LID practices for the sponge city construction: A case study in Guangxi，China. Journal of Environmental Management，231：10-20.

Lin W，Yu T，Chang X，et al. 2015.Calculating cooling extents of green parks using remote sensing: Method and test. Landscape and Urban Planning，134（134）：66-75.

Logsdon R A，Chaubey I. 2013.A quantitative approach to evaluating ecosystem services. Ecological Modelling，257：57-65.

Lu D S，Weng Q H. 2004. Spectral mixture analysis of the urban landscape in Indianapolis with landsat ETM plus imagery. Photogrammetric Engineering and Remote Sensing，70：1053-1062.

Lu D S，Weng Q H. 2006. Use of impervious surface in urban land-use classification. Remote Sensing of Environment，102：146-160.

Lu D S，Weng Q H. 2009. Extraction of urban impervious surfaces from an IKONOS image. International Journal of Remote Sensing，30：1297-1311.

Lu D S，Tian H Q，Zhou G M，et al. 2008. Regional mapping of human settlements in southeastern China with multisensor remotely sensed data. Remote Sensing of Environment，112：3668-3679.

Mao X，Jia H，Shaw L Y. 2017.Assessing the ecological benefits of aggregate LID-BMPs through modelling. Ecological Modelling，353：139-149.

Marjorie R，Henri R. 2009.Low impact urban design and development：The big picture. New Zealand：Landcare Research Science Series，（37）：1-63.

Martin-Mikle C J，Beurs K M D，Julian J P，et al.2015.Identifying priority sites for low impact development （LID） in a mixed-use watershed. Landscape and Urban Planning，140（944）：29-41.

Metropolitan Service District. 2002.Green Streets：Innovative Solutions for Stormwater and Stream crossings. Portland，OR：Metro.

Millennium Ecosystem Assessment. 2005.Ecosystems and Human Well-Being. Washington，DC：Island Press.

Montgomery M R. 2008. The urban transformation of the developing world. Science，319：761-764.

Muthukrishnan S，Madge B，Selvakumar A，et al. 2004.The use of best management practices （BMPs） in urban watersheds. Cincinnati，OH，USEPA，Office of Research and Development，National Risk Management Research Laboratory.

NAHB Research Center Inc. 2007.The Practice of Low Impact Development. U. S. Department of Housing and Urban Development，Office of Policy Development and Research.

Nedkov S，Burkhard B. 2012.Flood regulating ecosystem services—Mapping supply and demand，in the Etropole municipality，Bulgaria. Ecological Indicators，21（5）：67-79.

Nguyen T T，Ngo H H，Guo W，et al. 2018.Implementation of a specific urban water management-Sponge City. Science of the Total Environment，652：147-162.

Nie Q，Xu J H. 2015. Understanding the effects of the impervious surfaces pattern on land surface temperature in an urban area. Frontiers of Earth Science，9：276-285.

Norton B A，Coutts A M，Livesley S J，et al. 2015.Planning for cooler cities：A framework to prioritise green infrastructure to mitigate high temperatures in urban landscapes. Landscape and Urban Planning，134：127-138.

Oke T R. 1982.The energetic basis of the urban heat island. Quarterly Journal of the Royal

Meteorological Society, 108 (455): 1-24.

O'Neill R V, Johnson A R, King A W. 1989.A hierarchical framework for the analysis of scale. Landscape Ecology, 3 (3-4): 193-205.

Ouyang Z, Zheng H, Xiao Y, et al. 2016. Improvements in ecosystem services from investments in natural capital. Science, 352 (6292): 1455-1459.

Pataki D E, Carreiro M M, Cherrier J, et al. 2011.Coupling biogeochemical cycles in urban environments: Ecosystem services, green solutions, and misconceptions. Frontiers in Ecology and the Environment, 9 (1): 27-36.

Paul M J, Meyer J L. 2007.Streams in the urban landscape. Annual Review of Ecology and Systematics, 32 (1): 207-231.

Pauleit S, Breuste J, Qureshi S, et al.2010.Transformation of rural-urban cultural landscapes in Europe: Integrating approaches from ecological, socio-economic and planning perspectives. Landscape Online, 20: 1-10.

Pickett S T A, Cadenasso M L, Grove J M, et al. 2001.Urban ecological systems: Linking terrestrial ecological, physical, and socioeconomic components of metropolitan areas. Annual Review of Ecology and Systematics, 32 (1): 127-157.

Planning services, Scottish Government. 2001.Planning and sustainable Urban Drainage systems. Planning Advice Note 61.

Prince George's County. 2007.Bioremediation Manual. Maryland: Prince George's County.

Qiu Z. 2009.Assessing critical source areas in watersheds for conservation buffer planning and riparian restoration. Environmental Management, 44 (5): 968-980.

Qin Z H, Arnon K, Pedro B. 2001.A mono-window algorithm for retrieving land surface temperature from Landsat TM data and its application to the Israel-Egypt border region. International Journal of Remote Sensing, 22 (18): 3719-3746.

Schirmer M, Leschik S, Musolff A. 2013.Current research in urban hydrogeology——A review. Advances in Water Resources, 51: 280-291.

Scholz M. 2006.Best management practice: A sustainable urban drainage system management case study. Water International, 31 (3): 310-319.

Schwarz N, Bauer A, Haase D. 2011.Assessing climate impacts of planning policies——An estimation for the urban region of Leipzig （Germany）. Environmental Impact Assessment Review，31（2）：97-111.

Scott A，Carter C，Hardman M，et al. 2018.Mainstreaming ecosystem science in spatial planning practice：Exploiting a hybrid opportunity space. Land Use Policy，70：232-246.

Seto K C，Guneralp B，Hutyra L R. 2012. Global forecasts of urban expansion to 2030 and direct impacts on biodiversity and carbon pools. Proc Natl Acad Sci U S A，109：16083-16088.

Song J Y，Chung E S. 2017.A multi-criteria decision analysis system for prioritizing sites and types of low impact development practices：Case of Korea. Water，9（4）：291.

Sun Y，Zhang X，Ren G，et al. 2016.Contribution of urbanization to warming in China. Nature Climate Change，6（7）：706-709.

TEEB.2011. The Economics of Ecosystems and Biodiversity in National and International Policy Making. London：Routledge.

Tratalos J，Fuller R A，Warren P H，et al. 2007.Urban form，biodiversity potential and ecosystem services. Landscape and Urban Planning，83（4）：308-317.

U. S. Department of Defense. 2004.Unified Facilities Criteria：Low Impact Development Manual. Unified Facilities Criteria No. 3-210-10. U. S. Army Corps of Engineers，Naval Facilities Engineering Command，and Air Force Civil Engineering Support Agency.

United Nations. 2013.World Population Prospects：The 2012 Revision，Volume II：Demographic Profiles. United Nations Department of Economic and Social Affairs，Population Division.

USDA Soil Conservation Service. 1972.SCS national engineering handbook. Section 4，hydrology. National Engineering Handbook.

USEPA. 1999.Preliminary data summary of urban stormwater best management practices. EPA-821-R-99012. Washington，DC：USEPA.

USEPA. 2000.Low Impact Development （LID）：A Literature Review. EPA-841-B-00-005. Office of Water，Washington，DC.

Vandentorren S，Bretin P，Zeghnoun A，et al. 2006. August 2003 heat wave in France：Risk factors for death of elderly people living at home. The European Journal of Public Health，16（6）：583-591.

Water Sensitive Urban Design Research Group.1990.Water sensitive residential design：An investigation into its purpose and potential in the Perth Metropolitan region. Leederville，WA：

Western Australian Water Resources Council.

Weng Q, Lu D. 2008.A sub-pixel analysis of urbanization effect on land surface temperature and its interplay with impervious surface and vegetation coverage in Indianapolis, United States. International Journal of Applied Earth Observation and Geoinformation, 10（1）: 68-83.

Whitford V, Ennos A R, Handley J F. 2001.City form and natural process: Indicators for the ecological performance of areas and their application to Mersey-side, UK. Landscape and Urban Planning, 57: 91-103.

Woodruff S C, BenDor T K. 2016.Ecosystem services in urban planning: Comparative paradigms and guidelines for high quality plans. Landscape and Urban Planning, 152: 90-100.

Wu J. 1999.Hierarchy and scaling: Extrapolating information along a scaling ladder. Canadian Journal of Remote Sensing, 25（4）: 367-380.

Wu J G, Jenerette G D, Buyantuyev A, et al. 2011. Quantifying spatiotemporal patterns of urbanization: The case of the two fastest growing metropolitan regions in the United States. Ecological Complexity, 8: 1-8.

Wu J G, Xiang W N, Zhao J Z. 2014. Urban ecology in China: Historical developments and future directions. Landscape and Urban Planning, 125: 222-233.

Yang L, Zhang L, Li Y, et al. 2015.Water-related ecosystem services provided by urban green space: A case study in Yixing City （China）. Landscape and Urban Planning, 136: 40-51.

Yao L, Wei W E I, Yu Y, et al. 2018.Rainfall-runoff risk characteristics of urban function zones in Beijing using the SCS-CN model. Journal of Geographical Sciences, 28（5）: 656-668.

Zhang B, Li N, Wang S. 2015a.Effect of urban green space changes on the role of rainwater runoff reduction in Beijing, China. Landscape and Urban Planning, 140: 8-16.

Zhang R, Rong Y, Tian J, et al. 2015b.A remote sensing method for estimating surface air temperature and surface vapor pressure on a regional scale. Remote Sensing, 7（5）: 6005-6025.

Zhang Y, Odeh I O A, Han C. 2009.Bi-temporal characterization of land surface temperature in relation to impervious surface area, NDVI and NDBI, using a sub-pixel image analysis. International Journal of Applied Earth Observation and Geoinformation, 11（4）: 256-264.

Zhang Y, Zhang H, Lin H. 2014. Improving the impervious surface estimation with combined use of optical and SAR remote sensing images. Remote Sensing of Environment, 141: 155-167.

Zhang Y，Li Q，Huang H，et al. 2017.The combined use of remote sensing and social sensing data in fine-grained urban land use mapping: A case study in Beijing, China. Remote Sensing，9（9）: 865.

Zhao L，Lee X，Smith R B，et al. 2014. Strong contributions of local background climate to urban heat islands. Nature，511: 216-219.

Zhou W Q， Wang J L， Cadenasso M. 2017.Effects of the spatial configuration of trees on urban heat mitigation: A comparative study. Remote sensing of Environment，195: 1-12.